聞く力、つなぐ力

3・11東日本大震災　被災農家に寄り添いつづける普及指導員たち

日本農業普及学会 編著

古川 勉／行友 弥／山下祐介／宇根 豊 著

農文協

はじめに

東日本大震災は二〇一一年（平成二十三年）に発生しました。日本農業普及学会が、大震災発生後における普及指導員の体験を、公的に発表される活動記録とは別に記録しようと、『震災アーカイブ特別委員会*』を設置したのは、大震災発生二年後の二〇一三年三月の大会においてでした。この時期、被災地の普及指導員は復旧・復興支援にますます忙しくなっていましたが、体験は当事者の記憶が薄れないうちに収集しなければなりません。このため同委員会は、全国農業改良普及職員協議会ならびに各都県農業改良普及職員協議会、普及主務課などの協力を得て、同年八月、アンケートの実施にあえて踏み切りました。さいわい一〇都県一一二名の方々が業務の合間をぬって回答を寄せてくれました。

その結果、被災地の普及指導員が体験した全体傾向をつかむことができました。だが、実際に何を感じてどう行動したか、もっと掘り下げた体験内容の把握までできていませんでした。このため学会の中では、当事者に聞き取り調査を行ないたいという要望が大きくなりましたが、調査の人員と費用が伴わず、しばらく逡巡しておりました。

その隘路を打ち破ることができたのは、上述の方々のご支援に加えて、株式会社農林中金総合研究所（同研究員の内田多喜生・小針美和・行友弥の各氏）が聞き取り調査にご協力下さることになったからです。結果、二〇一五年八〜九月、岩手県、宮城県、福島県下で被災地を担当してきた普及指導員の方々に聞き取り調査が実施でき、一六年三月報告書を取りまとめることができました。本書は、その報告書をもとに、古川勉・行友弥・山下祐介・宇根豊の各氏から、ユニークな示唆に富む視角をご提供頂き、『聞く力、つなぐ力』として編むことができたものです[**]。関係の皆様に改めて深くお礼を申し上げます。

ところで、普及指導員については、農業関係者ならよく知っていると思いますが、一般にはなじみが深くないと思います。そこで、その職務について概要を述べてみることにしましょう。

普及指導員とは、第二次大戦後間もない一九四八年に成立した農業改良助長法に基づき、「農業者が農業経営及び農村生活に関する有益かつ実用的な知識を得、これを普及交換することができるようにするため」（第一条）に、各都道府県に配置されてきました。その多くは郡や地域単位に設けられた農業普及指導センターに赴任し、農業の技術や経営に関する専門家として農業者（農家）の経営改善等の課題解決のために、農業者と共に活動しています。普及指導員は、地域の農業者との『協働』を通じてその人となりや経営の実情をもっとも具体的に知る都道府県の公務員と言ってもよいと思います。

また、普及指導員は、担当する農業・農村現場で発生する災害や異変の実態を把握し、それを都道府県ひいては国の施策や対策に反映させていく役割も担います。このため、赴任地で災害や異変が発生しても、容易にその場を立ち去るわけにはいかないという職務上の性格も帯びることになります。

本書は、そうした普及指導員たちが大震災と福島第一原発の深刻事故に直面し、それぞれ、持ち場に踏み止まって奮闘した、最前線の臨場記録を中核とします。そこには、未曾有の大災害の発生以降、次々と襲いかかる問題やストレスに対処し、自らの職務に立ち向かう普及指導員たちの胸の内の一端が吐露されています。また、被災地の農業者たちが、当初の打ちひしがれた状況から復興に立ち上がっていく様子が等身大の目線で語られています。このように記録全編に現われてくるのは、普及指導員が農業者の課題解決のために共に働くという『協働者』としての姿ではないかと思われます。

では、そうした『協働』を成立させる要素とは何なのでしょうか。私は次の四点が重要ではないかと考えています。第一は、農業者との「同じ目線」、農業者と普及指導員の目線が上下ではなく、均等化していること（「目線の均等化」）、第二は、とはいえ、協働の主導権は結果リスクを取る農業者に委ねられるべきこと（「主導権は農業者に」）、第三は、農業者が具体的に「助けられた」と感じたとき協働への信頼が深まるということ（「農業者が助けられたと感じること」）、以上の三点が『協働』に直接的に働く要素だとしますと、第四は、『協働』の成立を根底から支えるものとしての「聞く力」です。《我がことのみに無我夢中》になることが多い現代の中で、《他のものを　じっと　受けとめる力》（茨木のり子）を持ち得るかどうかです。たとえば本書において、被災に打ちひしがれている人を前に、ひたすら話を聞くだけだったというのは、上述の《受けとめる力》の発揮であり、人間としての信頼があったればのことだと言えましょう。

本書は、災後の普及指導員の活動を通じて、復興の原動力は『協働』にあり、その役割が災後に限らず、今後ますます大きくなることを示唆しています。

二〇一七年一月

日本農業普及学会会長　佐藤　了

＊——日本農業普及学会震災アーカイブ特別委員会：粕谷和夫委員長、岩元明久、太田文雄、故藤田康樹各委員

＊＊—報告書では個人情報に配慮し発言者の氏名はすべて伏せました。本書も同様に取りまとめています。また数字や名称、出荷制限の状況等はいずれも聞き取り調査時のものです。

聞く力、つなぐ力

目次

危機のなかで起ち上がった普及指導員たち

内からのまなざしの大切さ
普及指導員の独自の世界が示された

聞き書き……

東日本大震災と普及指導員

岩手県

大船渡農業改良普及センター

本聞き書きの元となった調査は、平成二十七年九月十四日に岩手県水産会館会議室で行なわれた。調査者は粕谷和夫と小針美和で、調査協力者は三名。一人が平成二十三年四月から二十六年三月までの普及センター所長。震災発生時は岩手県農業研究センター企画管理部長であった。もう一人が釜石・大槌地域の担当者（平成二十二～二十六年度在籍）で専門は花の技術指導だが、専門以外のさまざまな事業に携わった。そして三人目が、花の専門担当者（平成二十一～二十四年度在籍）である。

震災直後の混乱のなかで

震災発生当時、大船渡農業改良普及センターの職員は一六名。震災当日は県庁職員の定期人事異動の内示が出された日だったこともあり、現場に出ている職員は少なく、盛岡への出張者、釜石に行っていた聞き取り協力者の一人とその上司、東京出張者のほかは所内にいた。そのため人命に被害が及ぶこともなく、職員の安否確認はすぐにできた。だが、震災直後は停電がつづき燃料も不足するなか、情報収集はなかなかすすまない。また災害復旧の支援活動が優先される状況もあった。

……震災直後から停電状態が続きました。電話線も切れ、携帯もつながらないなど、情報手段もほとんどありませんでした。何がなんだか、どうなっているのかわからない…。混乱した状況のなかで何ができるか、いかに情報を集めていくのか、そのこと自体が課題だったのです。

……情報収集するとしても、何のために、どのような情報を集めるのか。普及センターのミッションを考えると、「これから地域農業をどうしていくのか」ということに資する情報

津波により瓦礫が押し寄せた完成間近の整備水田

を集める必要があると考えました。

……三月十一日の直後は、「生きていかなくてはいけない」というのが最優先の状況でした。「普及」としての仕事が少しずつできるようになり始めたのは五月が終わるころです。それまでは生活を含めた災害復旧の支援活動を手伝っている感じでした。

……パートナー（地域の中核的な農業者で、普及指導員が密に接する農業者の呼称）の農業者や、パートナー以外でも地域の主要な農業者を中心に安否確認を行ない、話を聞くなかで、今後の意向などの情報を収集していきました。訪問先の選定は、普及指導員が手分けをして進めました。手元に残した記録をみると、三月二十二日からの二ヵ月間で普及指導員が地域の農業者八六名を巡回訪問し、状況確認を行なっています。

……四月七日から九日に、避難所に出向いて農業者を対象に「青空相談会」を開催し、相談に応じました。しかし営農再開できるような状況ではない人が多く、農業の相談というより人生相談になることも多かったです。

……時間の経過とともに、普及内のチームごとに業務に即した必要な情報を収集できるようになっていきました。農業農村指導士となっている農業者全員へのヒアリング等も段階的に行なっていきました。

……震災発生時、私は盛岡・北上での勤務だったため、津波被災地にはいませんでした。東京に出張に出ている職員とのやりとりのなかで、情報は被災地よりも東京のほうがあったのではないかと思いました。内陸も停電していて、テレビなどはみられませんし、ラジオがあったとしても、どの情報が正確なのかわかりません。人命に関することは報道されても、被害状況まではわかりませんでした。

……釜石・大槌の地域担当でしたが、震災発生から間もない段階では、まずは地域の状況について把握するよう上司から指示をうけました。関係の深い農業者と連絡をとったり訪問したりしながら、津波の浸水範囲や被災の状況など現地の状況や今後の意向の把握に努めました。

……私が震災に遭遇したのは釜石から大船渡の普及センターに帰ってくる途中のことです。

釜石から普及センターまでは国道四五号線で四〇㎞くらいあります。大船渡に到着したのは巨大な第二波が来襲する前だったので、この道を使って帰ってこられたのです。しかし、その後津波で四五号線は使えなくなり、本震の後に大槌方面に行けたのは、三月十四日。燃料も限られていたので、県の農村整備室の職員が大槌方面に行く車に同乗させてもらいました。四五号線は寸断されていたため、遠野を回って大槌に入りましたが、役場まで到着できませんでした。

「災害復興営農対策会議」の果たした役割

情報の収集と共有化にあたって大変大きな意義をもったのが、管内の行政や各種農業団体、普及センター等で組織された「災害復興営農対策会議」である。同会議は被災して一〇日後くらいに組織された。陸前高田市では一二名の農林水産部職員のうち七名が亡くなったが、農協の職員は地元の消防団として遺体の捜索などに奔走していたころのことである。

……被災から一〇日ほどたったころ、農協の営農部長から、行方不明者の捜索なども進めなければいけないが、春作業も始めなければならず、農業についても手をつけていかなくてはという提案がありました。それに呼応するかたちで、前センター長が中心となり、農業関係者が集まる会議がもたれるようになったと記憶しています。

……第一回の災害復興営農対策会議は三月二十三日に開催されました。当時は電気も十分ではない状態だったので、まずはとりあえず、人が集まって情報をそれぞれ提供し、共有する場となりました。会場は普及センターで、関係機関である農協や農業共済の担当者が集まりました。

……農協としては、米の春仕事があるので、苗をどのくらい発注するのか決めなくてはいけないという事情もあったのです。連絡が取れない人も含めて状況を把握する必要があり、このような場が必要だったと思われます。

……四月に入ってから避難所で行なわれた青空相談会も、この対策会議で議論するなかからでてきました。

上／震災直後に行政、農業団体、普及センターの関係者等で組織された災害復興営農対策会議
下／避難所に直接出向いての営農相談「青空相談会」

……農業関係者が集まっての災害復興営農対策会議は、私たちや陸前高田での仕組みを参考にするかたちで、釜石・大槌でも開かれるようになりました。こうして関係機関が集まって情報共有する仕組みができたのです。五月からは月一回のペースで会議がもたれました。

……災害復興営農対策会議では参加資格は問いませんでした。管内では震災後しばらくしてから、農水省本省から三名、東北農政局から二名、農政事務所から一名の職員が出向し、常駐していましたが、この人たちも参加しました。まさに情報収集・情報共有の場だったのです。

……県や国に提供をする資料の整理にも時間がかかります。情報が必要であれば災害復興営農対策会議に直接参加してもらいたい、そのほうが現場の声が直接伝わるし早い、とこちらからも会議への参加を呼びかけていきました。

……当初は、災害復興営農対策会議を一週間に二回くらい開催していました。そのうち、落ち着いてくるようになって回数を順次緩やかに減らしていきました。

……はじめは普及センターが窓口をしていましたが、二年ほど経過して農林振興センターに事務局を任せることにしました。それぞれの組織でもつ情報を一つの場で共有できるという仕組みは、その後の復興の取組みを行なううえでの情報収集・共有の場として貴重な存在だったと思います。

情報の共有と職員のメンタル面への配慮

現場との距離が近い普及センターには、個別の農家の状況を把握することが求められ、災害復興営農対策会議で共有される情報としての意味も大きかった。だが震災直後の混乱のなか、被災者である農家から話を聞くことは直接の担当者にとって大きな心理的負担になったことも事実である。こうして得られた貴重な情報については共有するためのさまざまな工夫がなされた。それは、職員のメンタル面での配慮でもあったという。

……普及センターは、基本的には農家の経営をみる組織なので、マクロで被害をとらえるというかたちでの情報収集はしませんでした。農家ごとに農地や機械の被害状況などを把握しましたが、地域全体の被害状況は他の組織から得ていたことのほうが多かったです。

……農業者は、普及センターにではなく、市役所や農協で今後の営農継続について相談していたケースもあったかもしれません。しかし、財産を失った人に農業生産の話ができる人はなかなかいないのではないでしょうか。いずれにしても、相手の置かれている状況を考えて話をしないといけないことは痛切に思いました。

……青空相談会を実施した時にも、精神的に不安定で激昂する農業者もいたことをおぼえています。

……農家を巡回するにも、気遣うところが多かったです。本人には話を聞きづらいことは、周りの人の話の中から状況を知るようなところもありました。

……組織内で得た情報の共有の方法として、四月に赴任してすぐに、まず、エクセルファイルの形式で「いつ」、「誰と」、「どんな話をしたのか」、「課題は何か」ということを入力して、所員が全員共有できる仕組みを整えました。

……これは、当初は情報を共有するというよりも、所長という管理職の立場として、所員の健康管理を考えたところが大きかったのです。甚大な被害にあった地域のなかで職務を遂行するうえで、職員に多大なストレスがたまることはまちがいなく、それを防ぐために何が必要かを考えました。

……人から聞いたことを自分事として自分のなかにため込まない・ため込みすぎないということ、そのためには外に吐き出すことが重要であり、聞いたことはとりまとめてみんなのものとするのが有効ではないかと考えたのです。

……県の農業研究センターに所属していた頃、メンタルの専門家と知り合いで、精神的なケアについて話をしたことがありました。そんな経験があったものですから、赴任が決まってすぐに職員の心身の健康管理について考えなければと思いました。その後、この専門家からも、聞いた情報を共有するという方法は有効だったのではないかとの意見をもらっています。

……こうした取組みが結果的にはデータベースの構築と情報共有にもつながりました。そのファイルは公開はしていませんが、普及センターのサーバーには残っていると思います。

……写真も普及センターのサーバーにそのまま格納しました。当初は分類することなども考えましたが、そこまではとても手が回らず、とりあえず、同じフォルダに共有するルールとしました。

……災害復興営農対策会議に出す資料についても、この記録を活用して作成したこともあります。

……陸前高田市では、市役所職員の三分の一の方が亡くなられました。こうしたなか、情報の収集・整理にも限界があり、私たちのデータベースをもとに情報を提供することは有効だったと思います。

……震災当初は電気がストップし、復旧後も電話線がやられてネットが使えないという状況が続きました。内陸との情報のやりとりは遮断された状態にあったのです。被災地の状況についての情報のニーズは県庁や他組織からもあったので、情報を蓄積しておいたことがその後の情報ソースとしても大変役立ったと思います。

被災農業者の「聞き手になる」こと

東日本大震災では、普及指導員が被災した農業者の「聞き手になる」ことの重要性が着目されている。普及指導員は一人の個人として、普及指導員の仕事とは何かを悩みながら現場と向き合ってきた。同時に普及指導員も被災者であり、場合によっては自身が農家であることもある。こうした観点から、本聞き書きでも「聞き手になる」ことは重要な視点として取り上げているが、もちろんその受け止め方は一様ではない。

……「被災した農業者の聞き手になる」ことの意味は何かというご質問ですが、この「聞き手になる」という言い方に違和感があります。普及指導員は職務目的をもって農業者を訪問しているのであって、話し相手になるために農業者を訪問しているわけではありません。結果的に話し相手になることはあっても、それが目的ではないのです。「聞き手になる」というワーディング（言葉の選択）の問題なのかもしれないが、私にはしっくりきません。

……私の経験をお話ししましょう。震災から一ヵ月ほど過ぎた四月六日にトマトの指導会をもちました。加工用トマトの普及を行なっているので、その一環として指導会を開いたのです。ところが参加者のなかで非常に憤っている人がいました。数日後にその人をあらためて訪ねていったところ、わかめの養殖を主たる業とし、生活の糧の中心は漁業で農業は副業という農漁家だということがわかりました。その方にとっては、行政などからは、一番心配な漁業についての説明、わかめがこれからどうなっていくのかという話、そういう話がない状況なのに、トマトの指導会とはどういうことだ、という気持ちがあったようです。

……普及指導員は、農業経営の側面から農業者を見ざるをえないことが多いのです。この農漁家との出会いから、自分が接している農業者のなかに、生活の中心は漁業という人も多いということを意識することがなかったことに気づきました。自分が相手をする農業者がどのような人なのかをより深く知るきっかけになったと思います。

……研究者が、普及指導員について、見守って信頼できる人、きずな、寄り添う、というワードで説明している例があるのは知っています。しかし、自分はそうではないと思っている。むしろ重要なのは、やはり「協働」、共に働くということであり、一緒に課題解決をしていこうとすること。そういう姿勢ではないかと思うのです。

……農業者からの相談は、震災直後は減ったのです。農地や農業機械が流されて農業そのものができない状態で、相談しようもないという人が少なからずいました。家が流された方などは、農業の前に生活の再建に精一杯だった人も多かったと思います。

……農業者の相談を受けるものとして「相談票（カード）」を作成し、ニーズを把握するという取組みもしました。

……震災後の普及センターへの相談では、「仕事を失ったので、農業を始めてみたい」とか、「もともとある土地に何かを作付けしたいが、何を育てたらよいか」というような相談も増えました。なかには、レンタルビデオ屋の経営者が「店も流されてしまった。祖母が農地を持っているので、その農地で何かをしたい」という相談もありました。

立ち上げられた「希望ときずな農業チーム」

大船渡農業改良普及センターでは四月から「希望ときずな農業チーム」が普及センター内に新しいチームとして作られた。チームの一番の仕事は被災市町の支援にあたること。前を向いて、夢をもって取り組んでいくことが目標とされた。当時のメンバー構成は、作物経営チーム二名、農村起業スタッフ一名、園芸チーム四名、釜石・大槌チーム二名、希望ときずな農業チーム三名、所長、課長三名、合わせて一六名である。

……日記をみると、四月七日の職場全体の会議で、職員に対して、理念、ミッションを語ったとあります。いち早く農業支援をしていくこと、日本一の復興モデルを作っていくことをめざし、そのためには現状を把握し、情報を共有して普及センターとして一体となって取り組んでいくことが重要であると、所長の私から伝えました。

……新しいチームを立ち上げると同時に、それぞれの部署で作成している普及計画の見直しをはかりました。全体としてどのようなかたちで活動していくのかは、チーム長たちで話し合い考えることとしました。

……「前を向いて、夢をもって取り組んでいく」。これは農業者だけでなく、普及センターとしても、また職員もそのような気持ちで仕事に取り組んでいく風土を作りたかったのです。震災復興への支援活動が中心で、従来の「普及」としての活動が難しい状況が続くなか、モチベーションをもつことが重要だと考えました。

……当時は、ご飯を食べるにも、支援物資などで炊き出しをして、レトルトのカレーや豚汁、ラーメンをみんなで作って食べているような環境でした。甚大な被害の前に農業の将来が見出しにくく、普及の役割も終わりではないかという悲観的な雰囲気もありました。そうしたなか、普及指導員の「居場所＝復興のためのセンター独自の新しい取組み」を作る必要があると考えたのです。

……集落営農や、新しい施設園芸のスタイルをこの地域に作りたいと考えたのもそのひとつです。同時に、企業誘致㈱グランパ）や、園芸産地モデルのアイディアも考えました。それらをまとめたものとして、普及センターとして作った行程表が「希望ときずなプラン」です。

上／いち早く再開した（農）アグリランド高田
下／新しい園芸産地モデルの一環として企業誘致も行なった（㈱グランパ）

……ちょうど、平成二十二年度末でそれまでの普及計画が終わり、新しい普及計画ができるというところで震災となりました。そのため、震災後の状況に応じた新たな普及計画を作らなければならなくなったのです。

……当初は、震災のためにできなくなった計画は削除する方向でした。しかし、文書上は削除するのではなく、元の文章が見えるように線を引いて削除を表わす「見え消し」のかたちで残し、記録として残しておくべきだと考えを変えたのです。消してしまうと、それまで取り組んできたものが見えなくなってしまう。いつか復活できる可能性が十分あることも考えて、見え消しにすべきとしたのです。結果、二十三年度計画は見え消しになっている部分がたくさんあるものになりました。

……「希望ときずなプラン」は毎年度検討して作成する普及計画とは別に、震災津波の復旧・復興に加えて、これまでは実現しえなかった施設園芸団地や集落営農、水田の基盤整備など、新たな農業モデルを作ることを目的に作成したのです。

……釜石・大槌地域は、もともと釜石に普及センターがあったものが、普及センターの統廃合により大船渡の普及センターの一部となり、その地域のみを管轄する部署があるかたちとなっています。営農再開について、具体的に話し合いが始まったのは震災の年の十一月ごろでしたが、「希望ときずなプラン」を活用するかたちで、県振興局の農業担当も交えながら、今後の計画を考えていきました。

……被災地域に新たな栽培体系を導入するために、県の農業研究センターでの経験を生かそうと考えました。企画管理部長をやっていたこともあり、農業研究センターの機能を活用しようと考えたのです。陸前高田市の南部園芸研究センターも被災で流されてしまいましたが、廃止すべきではないと思っていました。

……現在、沿岸地域の復旧農地を実証圃として、新しい技術の実験栽培をイチゴやトマトで行なっています。技術の確立は農業研究センターが中心になって行ない、普及指導員は直接研究に携わるのではなく、その取組みから学ぶかたちで技術やノウハウを会得していくという仕組みを考えました。

……施設園芸に関しては、植物工場の企業誘致が一つと、もう一つの園芸団地は農協出資型法人が栽培を行なっています。これらは雇用形態での農業という新しいスタイルです。水田農業に関しても、圃場整備・基盤整備により大区画にできるところは、法人化等を進めていくように考えました。

……陸前高田市小友地区の圃場整備・法人化を進めるなかで大きな役割を果たしたのが、これまでの普及指導員と農業者とのつながりです。地域の個別担い手農業者はその地域との関係は希薄でしたが、組合長は普及指導員のOBであり、分散している農地をまとめることで今後の営農がより効率的になると説得しました。地域外から出作している人を新しい組織の中に取り込むには、これまでの普及センターと農業者との良好な関係が大きかったと思います。

……基盤整備に関する合意形成も、普及とハード事業の担当部署が連携し、行政とも一体となって進めていったのがよかったのではないでしょうか。水稲の直播栽培は、当初無理かと思っていましたが、実証圃での取組みが簡便なことから農業者に好評でした。

……震災後の新しい特産品に「北限のゆず」があります。陸前高田市から大船渡市にかけて、ユズが庭木として普通にあり産直で果実が販売されていることに注目し、「北限のゆず」として加工品ができないか検討したのです。震災の翌々年に「北限のゆず」研究会が組織されました。ゆず酒やシフォンケーキ、ゆず味噌などが商品化され、評判をよんでいます。

……実現には至りませんでしたが、陸前高田市の国道四五号線高田松原沿いにリンゴの木を植樹できないかなどというアイディアも提案しました。

正確な情報を伝えることが求められた福島第一原発事故

東日本大震災の最大の出来事は、東京電力福島第一原子力発電所の原発事故である。山菜・キノコへの影響は大きく、また放射能と関係のない菌床シイタケへの風評被害もあった。普及センターに求められたのはまずは正確な情報を伝えることであり、検査機器も購入されたが、一方で職員自身の被害にも考慮されたという。

……実害として一番被害が大きかったのは、シイタケです。当初あまり意識をしていなかったのですが、県の調査でかなりの濃度が出てしまい、あらためて問題を認識したという経緯があります。県南部での被害が大きく、山を持っている人たちにとって春の山菜や秋のキノコは収入源の一つなのですが、基準値を超えてしまい出荷できなくなってしまいました。

……当初は検査体制も確立しておらず、どのようにすればよいのか定まっていませんでした。まずは、普及で最低限できることをやるというスタンスで、普及センターで検査機器も購入し、できることは普及センターで引き受けることとしたのです。

……現場での測定結果を課長が丁寧にとりまとめていました。毎月とりまとめた情報を所内会議で報告していたので、そのつど学習する機会があったと今になって思います。

……サンプリング調査は普及センターで行なっていました。大船渡地域の場合は、検査してほしくないというネガティブな姿勢よりも、検査をしてほしいという依頼が多かったと感じています。また、それに対しては拒まずに検査をするように所員に言っていました。

……当時は、職員自身が職務のなかで被害にあわないようにすることも必要であり、空中線量を測る機器を持たせたり、マスクを着用させたりするなどの配慮もしました。

……放射線検査についてはその後「基本的には窓口は市町村」というルールが整備されました。現在は、ルールの流れのなかで、必要に応じて検査を依頼されれば行なうというスタンスをとっています。

……本来は、原木ではない菌床シイタケは、放射能とは関係ないはずなのですが、東北のシイタケと聞くだけで忌避する人もいます。風評被害は現場ではいかんともしようがないことも多く、誠実な検査と正しい情報発信をすることしかないと考えています。

県を越えた協力

東日本大震災では、県を越えたさまざま協力が行なわれた。普及事業の場合はどうであったのだろうか。

……現在、岐阜県から大船渡に職員を派遣したいという申し出を受け、一人受け入れているが、震災後に普及指導員を他県に要請したり、また岩手県内でも内陸部から普及指導員を異動させたりということはありませんでした。むしろ、農業以外の水産部門などでマンパワーが足りないとして、実質的に普及の人員が減らされている状況です。

……土木や水産などのハード事業では、その事業特有のノウハウが必要ですが、地域が変わっても共通する部分も多い。そのため、他県からの支援が有効であり、実際に他県に要請して人手を確保する動きがありました。しかし、普及はソフト事業であることから、その地域の農業者のことがわからないと進めることが難しいです。地域特性がわからないと、どの品目をどのように作ればよいのかなど、指導することもできません。普及事業で県外からのサポートを受ける場合には、やり方を工夫する必要があるのではないでしょうか。

ストレスにどう向き合ったか

未曾有の大災害のなか、現場と接する機会の多い普及指導員たちの受けるストレスには相当なものがあった。しかし、震災直後はストレスをストレスと認識できなかった人もいるという。

……ストレスというかたちでは考えたことがありませんでした。目の前の現実に対処することで大変で、ストレスとして感じる暇がなかった気もします。

……所長の立場としては、職員が心身ともに病まないようにと考えていました。震災でのストレスを感じている職員もいましたが、周りに迷惑をかけるような行動をとることもなく、異動するかどうかを尋ねても本人が自分で残ることを選択したので、管理職の立場としては、深くは立ち入らずそっとしていました。

……その職員がどのようにストレスに対処したのかは、本人に聞いてみないとわかりません。しかし友達と話すなど、自分自身で解決策を見つけていったのではないでしょうか。

……甚大な被害を受けても、意気を失わずさまざまな取組みを進めている農家の方に対して、「自分ができることはなんだろう?」と探しつつ、できないことも多いもどかしさを感じていました。定期的に巡回をして話をすることで、そのなかでできることを探すことしかない、そう思って活動していました。

……当時はチームの一員として、上司の指示に従って動いていたわけですが、上司はとても忙しそうで、かといって、自分でそれをうまく手伝うこともできず、歯がゆい気持ちをもっていました。そうしたなか、現場で話を聞いて動くことが大事だという意識で活動をしていたのです。

……専門職として普及活動ができず、支援活動に明け暮れる生活に対して、気持ちの面で葛藤があったのではないかと思っています。

震災の経験をどう生かすか

震災から四年半が経過したいま、現場の普及指導員の思いはさまざまだ。それは、普及指導員とは何かという問いとも結びついていく。

……協働の精神を思い返すことがなによりも重要だと思います。被災した農家は、想定外の状況のなかで混乱している。「除塩だけでなく除霊に効く」などというたい文句で資材を売りつけるような業者もいる。そのような混乱のなかで、農業者に適切な情報を伝え、あるべき方向をともに模索していくような姿勢が重要だと思います。

……大船渡管内では、震災後、それまで前例のなかった事業にも取り組んでいます。放射能対策もこれまでにない経験の一つです。復興の過程のなかでは、支援物資として野菜の種が送られてきたことをきっかけに、農家が自分たちで作れる野菜は何かを考えたり、農地があれば野菜を作れるという実感が農家に活力をもたらしたりもしました。キャベツづくりに取り組んだのも普及がきっかけです。これらの活動を二年目から「普及活動の記録」というかたちで残しています。

……大船渡には、昭和三十五年五月のチリ地震の時にどのように取り組んだのかの記録が残っていました。甚大な被害ではあるものの、実際に今回の震災においてその経験が役に立ち、救われた命も多かったです。

……被災当初は、「人としてどうなのか」、生きるためにどうするか、ということが問われ、役職や立場云々と言っていられない状況だったと思います。

……普及指導員とは何かについてあらためて考えさせられました。地域に根ざした行政や、農協という立場とも異なるスタンスをもち、農業者の気持ちをくみ取る一方で、客観的な視線ももってやるべきこと、状況を農業者に伝え、判断をすることが求められるのが普及指導員であると思います。

……話し合いの力というのは大きく、それで解決できることも多いのです。現在の勤務地でも集落営農などの組織化に向けた話し合いが行なわれています。

上／支援物資の野菜の種を管内全産直農家へ配布
中／所得確保に向けた冬春キャベツの栽培指導会
下／栽培された“復興キャベツ”は内陸の直売所等で販売された（花巻市「だあすこ」）

震災の年、平成23年に県立農大生やボランティアの
支援によって田植えを行なう（陸前高田市広田半島）

……普及指導員は、どちらからというとブルーカラーに近いと思います。自衛隊員ではないが、現場でなんでもこなすバッファーとしての役割を果たしていたのではないでしょうか。大震災の経験を今後に生かしていくとするならば、南海トラフ地震時の対応が想定されます。その時には、放射能だけでなく、化学コンビナートの被害による化学物質での農地等の汚染というような問題も出てくる可能性もあります。災害時に、どのような被害が想定されるのか、それを考えて技術面でどのような対策が考えられるのか、これらについても考えていく必要があるのではないかと思います。

岩手県　大船渡農業改良普及センター

農業生産等の状況……大船渡農業改良普及センターは、岩手県大船渡市の岩手県大船渡地区合同庁舎に事務所があり、所員一六名で、北は大槌町から釜石市、大船渡市、住田町、陸前高田市と宮城県境までの沿岸地区の三市二町を管轄区域としている。全面積の約七四%を山林原野で占め、平坦地はきわめて少なく、沿岸部はリアス式海岸が続く。気候は同地方特有のヤマセにより、夏は比較的冷涼で、冬は日照時間が長くて積雪が少ない。海流の影響で、県内では最も温暖な地域である。

経営耕地面積の五三％が畑地で、田は四三％、樹園地が四％と畑地の占める割合が高く（二〇一五年農林業センサス）、米をはじめ、シイタケ、夏秋果菜類（キュウリ、ピーマン、トマト等）、冬春野菜類（キャベツ、葉菜）、リンゴ、花壇用苗物のほか、ブロイラーや養豚の中小家畜などが中心となっている。

農協を通じた系統集荷は、肉豚が第一位で、菌床シイタケ、米、生乳、キュウリ、和牛子牛と続き、これらが約一億円を超える品目（平成二十七年）である。このほか、農協が取りまとめる産直向け野菜・花き類が一億円を超えている。系統外では、ブロイラーが最も多くて四〇億円以上となっている。中小家畜を除いた大家畜については、畜産農家の高齢化に伴い、繁殖牛、肥育牛および乳用牛のいずれも飼養戸数・頭数とも減少している。

被災の概要とその後の状況……東日本大震災津波では、三市一町で津波による甚大な被害を受けたが、被災農地五二二haのうち約七一％の三三四haが復旧され、このうち九三％で営農が再開（平成二十八年六月調査）し、現在も農地の復旧工事が継続されている。採草・放牧地における放射性物質による汚染については、草地除染対策の支援により、これまで耕起不能地を除く三七〇ha余の除染作業が終了した。

農業生産等の新たな動き……現在では、水稲の低コスト生産技術の導入、実需ニーズに応じた酒米生産が活発化するとともに、キュウリやピーマンなどの果菜類は生産部会活動を通じて意欲的な生産を取り戻している。水田営農では、個人経営のほか、震災を契機として水田の復旧と基盤整備に伴い、大船渡市吉浜、住田町高瀬、釜石市下荒川など地域の営農システムの構築に向けた組織育成が進展しており、(農)サンファーム小友や(農)広田半島、(農)大槌結ゆいなど、地域農業の担い手としての法人が設立された。

また、復興交付金事業による果樹など集出荷施設の整備とともに、リンゴの計画的な改植による生産振興が進んでいる。同じく復興交付金を活用して陸前高田市には大規模施設園芸団地が整備され、㈱JAおおふなとアグリサービスがトマトやイチゴの生産を行なっている。なお、県外の農業生産法人が陸前高田市にドーム式による葉菜類の水耕栽培を行なうなど、新たな農業生産技術が導入されてきている。

一方、三陸海岸を控えた観光地であることから、産地直売施設も多く存在し、被災前は三三ヵ所あったが、一三ヵ所が被災していまだに仮設営業の状況である。農村レストランの開設など農業女性による起業活動のほか、地元製麺業者と連携したソバの生産、北限のユズの産地でもあることから、ユズの新植とともにユズを活用した菓子類や酒類の製造など、農商工連携による地域ブランドの振興が震災を契機として進んでいる。

宮城県

石巻農業改良普及センター

本聞き書きの元となった調査は、平成二十七年九月八日に宮城県庁会議室で行なわれた。調査者は粕谷和夫と内田多喜生で、調査協力者は三名。一人が震災当時の普及センター所長で、現在、宮城県美里農業改良普及センター地域農業班技術主査（再任用）。もう一人が当時の地域農業班班長。その後大崎農業改良普及センター・県庁に異動、現在、宮城県北部地方振興事務所農業振興部・宮城県大崎農業改良普及センター次長。そして三人目が地域農業班の地域担当で、現在、宮城県北部地方振興事務所美里農業改良普及センター主任主査である。

合同庁舎が津波で被災、業務不能の状態に

石巻農業改良普及センターは旧北上川の河口から四㎞ほどの位置にある。津波により合同庁舎自体が被災し一階が水没、一階部分の駐車場にあった車も浸水した。残った車は地震後すぐに市町村に派遣した一台だけであった。地方振興事務所全体でも、車は数台しか残らない状況。電気がだめ、ｗｅｂもだめ。携帯の中継局もまるでだめという状況になった。

……震災発生当時、石巻合同庁舎では、職員に出張が重なり、人数は普段の三分の一、普及センター内に上司は総括しかいませんでした。しかも建物が逃げてくる県民の方々の避難所となって混乱していました。もともと避難所でもないので、そんなに統制がとれた行動はとれません。津波がきて庁舎も一階が浸水。どこへも行けなくなったし、脱出するにしてもどこへ行くべきかもわからない状況になったのです。

……合同庁舎が震災当日の金曜日に被災し、その後三泊四日を庁舎で過ごしたのです。庁舎にいなかった職員は、津波被害のなかった県の東部下水道事務所に間借りしていました。

……合同庁舎から自衛隊にボートで助けてもらって水のないところへ運んでもらい、農業振興部職員が下水道事務所に間借りしていたのを知っていたので、四日目にして、ほかの職員と合流しました。数日間、下水道事務所を仮の事務所とし、廊下やロビーを借りて対策会議を開きました。なにをすべきかを確認し、農家が無事かどうかなど情報収集をするためには機動力が必要なので、内陸の農業改良普及センターに車を借りにいきました。

……一台だけ残った軽自動車に数人乗って、内陸の登米農業改良普及センターに車を借りにいったのですが、気仙沼や他の所に支援にいくため車を確保する必要があったことから借りられず、大崎の農業改良普及センターに行きました。

……大崎農業改良普及センターで車とガソリンをもらって、美里の農業改良普及センターでも車を借りることができ、やっと足が確保できました。

当初の記録は紙、鉛筆、携帯だけ

自衛隊のボートに救出されるような状況のなか、書類、パソコンなどなにも持ち出すことができなかった。情報機器による情報収集は数週間できず、職場環境を整えることと並行しての、手探りでの情報収集がはじまる。

……情報機器を使った情報収集は、震災発生から数週間できませんでした。その後、携帯やメールが一部つながり、やりとりを開始し、また、衛星携帯も供与されましたが、かぎられた範囲の情報収集に留まりました。

……車を借り機動力がでたので、どこまで水がきたのか、それも真水か、海水かなどの調査をはじめました。農業士や生活研究グループの方々を中心に情報収集をしながら、地域農業全体の情報収集をしていったのです。

……普及センターは地方振興事務所農業振興部兼普及センターです。地方振興事務所内の各

上／津波により被災した園芸団地（石巻市釜）
下／津波が流入したハウス内部（東松島市大曲）

部でも同じように、車を借りて各部の担当分野の情報収集を行ないました。さらに、農業振興部全体でも、普及センター内でもそれぞれ一日朝晩二回会議を開き、各部が収集した情報を共有しました。

……避難して最初は下水道事務所、次にＮＯＳＡＩ（農業共済）、ＪＡ（農協）の二階に間借りしました。合同庁舎の水が引いたのは津波から一〇日目くらいのことです。当初は、自分たちの職場環境を整えるので大変でした。

……パソコンも名簿もなにもないので、情報収集の記録は、みんなで毎日の活動を手書きでノートにまとめるなどしていました。情報収集は紙、鉛筆と携帯だけ。職員同士の情報共有も大変でした。庁舎にあった資料は、必要な時に水の引いた庁舎に行ってとってくるようなことをしていました。

……下水道事務所で寝泊まりしていた当時は衛星携帯が一台。そこは県の地方災害対策本部のようになっており、避難物資の確保とか、職員の安否確認とかを行なっていました。それから二、三日してから、ＮＯＳＡＩ、ＪＡの二階も借りて、振興事務所の仮事務所としたのです。

……まずは、自分たちの仕事をできるような環境を整えるのが大変でした。職員も車がなく、電車も止まっている。仮事務所にいったん出勤したら、そこで寝泊まりするしかなかったわけですから。

……今思うと災害への準備ができていなかったですね。庁舎の一階に緊急物資が置いてありましたが、津波でダメになり、自家発電装置も使えなくなりましたから。

……拠点を構えたといっても、食事がままならないわけです。普及指導員の実家の農家から米を買ったりして朝晩、振興事務所全体の炊き出しをしていました。限られた車で調査へ行き、残った職員は食事の準備、といったような状況です。業務が安定するまでは数週間かかりました。それに加えて、県職員としての市町（石巻市、東松島市、女川町）や避難所への派遣もありました。いったん派遣されると、二泊三日程度そこで過ごしたのです。

……県として、拠点らしい拠点を確保したのは石巻専修大学の体育館を借りて以降のことです。振興事務所とか四つの県関係の事務所が入居しました。その後、合同庁舎に戻りましたが、合同庁舎への引っ越し作業が平成二十三年の九月二十四日。業務開始は九月二十六日。結局、合同庁舎に戻るのに半年かかったことになります。

現地調査から農地の復旧へ

東日本大震災のような巨大地震を想定した情報収集についてのマニュアルやツールは普及センターでは用意されていなかった。被災直後から相談に来る農家もいたが、ともかく津波による被害は甚大であった。津波が来たか来なかったかで被害の状況はまったく異なったという。

……被害の軽い農家の方は、被災直後から普及センターに来ていました。普及センターがＪＡにあると聞いてくる人もいたようです。被害がひどい方には、こちらからいって話を聞きました。直接ではなく、ＪＡとか行政とかから人づてに話を聞いてある程度被害状況がわかってから、状況を確認にいった農家もあります。

……被災状況は、津波が来た、来なかった、でまったく違います。地震だと家や家財が残りますが、津波だとまったくなにも残らない。少しでも資産が残っている人とそうでない人の違いは大きいです。

……市町村にお願いし、認定農業者は全部調査しようということで、二ヵ月後くらいにチームを組んでやることが決まりました。また、大きな園芸農家にも班分けをして聞き取り調査を行ないました。ただ、農家がどこにいるかわからないので、避難所に援助物資が定期的に来るようになってから人の調査は始めています。

……ほかの振興事務所や普及センターがどうなっているのかがわかったのは、インターネットが復旧し、県全体のポータルサイトにつながるようになってからです。テレビとか新聞で手に入る情報とわれわれが必要な農家向けの情報とは異なります。また、震災時に写真だけは撮っておけといわれていたので、最初から写真は撮るようにしました。写真情報だけは膨大にありました。

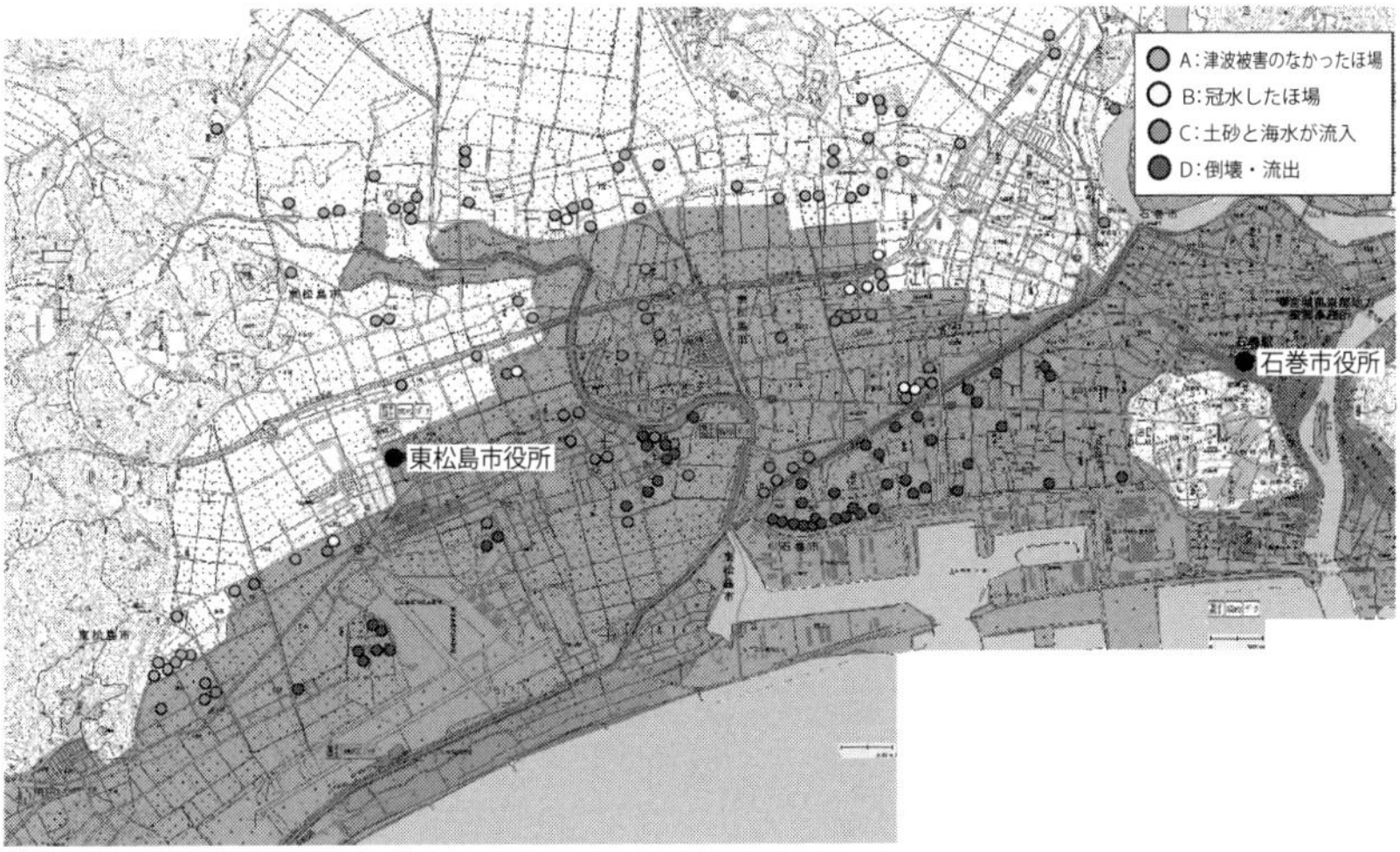

石巻農業改良普及センターと関係機関で
作成した園芸農家の被災状況マップ

ハウスへ流入した津波土砂を被災
農家とともに除去する普及指導員

……現地調査が始まったのは、ＮＯＳＡＩ、ＪＡに仮事務所が移ったあたりからです。被害のあった人でも志の強い人は三月ごろから数人で普及センターに相談に来ていましたね。塩害については、ＮＯＳＡＩ、ＪＡを含めた対策会議は定期的にやっていましたが、農家を交えた会議はかなりたってからのことです。

……普及センターでも、園芸農家の方々に集まってもらい、今後の意向について話し合いをしました。避難所にいる方々も含め、農家に集まってもらい、話し合いをするためにはプランがないと駄目なので、普及センターでいろいろ再開の案を作っています。

……今回の震災では、農地の津波被害が大きな問題になりました。最初は、津波がどこまで来たのか、農地とハウスがどうなったのかを調査し、被害の大きさを確認し、それから人の関係の調査を行ないました。

……現地調査を行なった海水を被った農地のうち、初年度に除塩を行なったのは一〇〇〇ha弱です。この農地については、その年のうちに作付けができました。これは普及センターや関係機関の努力の成果だと思います。施設についても、ボランティアに来ていただいて泥上げをした。そうすると農家の方もやる気がでるのです。

……除塩作業は、代掻き三回以上とかの基準で行ない、ＥＣメーターで濃度を測って実施しました。ただし、当初はどの事業でやれるのかがわからなかったので、後付けで災害対策事業に乗れるだろうということでやっています。水を流すだけで除塩復旧できる農地について、やれる人からやろうということで始めました。客土とか、土木的な事業でないと復旧できないような農地は、後回しになったということです。五月ごろまでそういう作業が続きました。

……除塩を行なった農地で大豆と水稲を作付けしました。大豆はあとで塩害がでたのですが、水稲はかなり収量がとれました。

……情報の共有化は常に意識していました。当初普及センターでは、手書きノートで情報を共有化していました。その後、パソコン、プリンターが使えるようになってからはそういう情報機器を使っての共有化もとりいれました。ホワイトボードも利用し、それらに加えて、朝晩の打ち合わせも行なっています。振興事務所全体では、それぞれ分散していた事務所を行き来して情報共有化を図るようにしました。事務所間は車で移動していましたから、移動手段がないとなにもできないということでもあります。

……ボランティアの受入れ窓口も普及センターがしていました。普及センターならばボランティアを受け入れてもらえるだろうと連絡がくるので、それを行政、ＪＡにつないでいました。そのためには作業を体験しておく必要もあるので、現場での泥上げ作業などもしています。地方の農業団体からの支援についても、窓口となりました。たとえば、女性の農業団体からのボランティアや支援物資等をどこに受け入れてもらうかなどの調整も行ないました。

法人化、大規模化を軸にすすめられた農業・農村復興

被災した農家の支援策は当初何もなかった。情報もなかった。なにができるか、なにを国や県から手伝ってもらえるかもわからなかった。そのため、普及センターでもなにをやれるともいえない。そうしたなかで、農家本人たちがやりたいということを、それができるように、なんでもいいから手伝うという姿勢を普及センターはとった。

……被災直後はなにかやろうという意識は農家の多くにはなかったと思うのです。ただし、若い人だけは違った。最初から自分たちでなにかしたい、という意欲がありました。

……今、石巻管内でモデルケースとして営農再開した人たちは、最初になにかやりたいと声を上げた人たちです。当時、年配の人に将来をみすえてなにかやろうという人はなかった。若い人は、それが歯がゆかったのだと思います。たとえば、Ｂファームの構成員は震災から間もない四月には普及センターに相談にきていましたから。

……声をあげた人たちに、みんなで法人化したらどうかと、普及センターから提案したのです。提案した園芸団地の構想はセンター所長が一晩で考えたもの。

……計画実現のためには土地が必要です。普及センターは農業振興部と一緒なので農地の問題にも関われます。農業委員会から農地の情報をもらってデータベースをつくり、地主のところへ農家と普及指導員が一緒に行きました。なにかやりたいという人が当時は少なかったので、そういう意欲のある人は、普及センターが全力でサポートしたのです。

上／津波被災農家を中心に立ち上がった農業法人
㈱イグナルファーム（平成23年12月設立）
下／鉄骨ハウス13棟、パイプハウス11棟からなる石巻市須江復興園芸団地……普及指導員は農家と人的なつながりがあるので、若い人たちが営農再開のために農地を探しているというと、農業士とかが協力してくれ一生懸命に探してくれました。最初の農地は、農業士から一言、「行ってみれば」と勧められたのがきっかけです。

……ただし、営農再開にあたって土地の確保は簡単には進みませんでした。それまで耕作放棄していた農地でも、津波による塩害がなかったということで、貸してくれないケースもありました。復興需要で被災していない農地の資産価値が上がったことも影響しています。

……管内の営農ビジョンの絵をかくときに、どこになにをつくるかを具体的に示してしまうと、話が進まなくなることが少なくありません。農地を買われてしまうと思う人がでて拒否されてしまうのです。

……復興交付金事業とか東日本大震災農業生産対策交付金も最初はありませんでした。交付金事業の制度設計者がヒアリングに来て、こういった事業が必要という話をして、施設園芸対象の事業が加わったと聞いています。

……後に続いた人たちは復興交付金事業ができたので助かったと思う。普及は最初のトップランナーを支援するのが仕事、そのモデルをみて、ぴかぴかのハウスをみて、俺たちもやろうという人たちが出てきたのです。

……もともと、最初に普及センターに相談しにきた若い人たちは、賞を受けるトマトを作るような技術レベルが高い方たちなので、普及センターとしても、この人たちならできるということで、支援した面があります。

震災後の困難がつづくなか、普及センターは営農再開をめざす農家の支援を開始する。だが、震災を期に取り組んだ法人化についてはＪＡとの調整がたいへんだったという。そしてどのような場面でも重要になったのは人と人とのつながりであった。

……普及センターは一部の人たちだけ支援するのかなどと言われながらも、その人たちに集中したからこそ石巻は復興が早かった。それをみて、まわりの人たちもやる気になったのだと考えています。

……米、麦、大豆などの土地利用型農業の場合、除塩事業、土地改良事業などのハード面が整備されないと話が進みません。管内では沿岸部で圃場整備が進んでいました。そこで、復興交付金事業による農地整備を進めていったのです。

……被災した東松島市大曲地区などで、ＪＡから話があり、生産組織をもとに法人組織を立ち上げようという話が出てきました。震災前から、将来は一〇〇haくらいの大規模経営でやるべきという話があった。それが震災にあい、ゼロベースで考えられるので大規模化が進んだといえます。

……平成二十三年の秋口から普及センターも入って何回も話し合いをし、組織の担い手となる人、やめる人の相談や、他地域の土地利用型法人の視察をしていました。法人化しないと、津波で農機も流出しており、やれなかったと思います。

……震災前から、地域の営農活動のリーダーとなる人材と普及センターが人的な関係を作っていたことも、震災後の事業立ち上げ支援がスムーズにできた要因だと思います。

……もちろん普及センターだけで事業ができたわけではありません。事業の具体化にあたっては、ＪＡ、市町村と普及センターが集まって情報を共有化したことが大きかったです。

……それと震災後は、いろんな外部の人が農業をしたいと入ってきましたね。でも、今はいなくなっています。やはり、農業は技術ですから。物をつくってなんぼ。外部から入ってきた人は、やる気はあっても、技術はなかったですね。土地に根ざしていないので続かなかったです。園芸にしても経験と技術が必要ですから。

……外部からの農業参入はうまくいきませんでしたが、法人化によって農外からの雇用就農者が、土地利用型、施設園芸とも増えています。

……いくら大きな農家でも、その意欲を具体化して計画書にまとめることは、なかなかできません。そういう意欲を親身になって、具体的な計画のかたちにし、まとめあげて支援をしていくうえで、普及センターの役割は大きいです。

情報不足に苦慮した放射能対策

情報が途絶するなかで原発事故についてはは当初なにもわからなかった。放射性物質による稲わらの汚染被害も後になってわかった。普及センターで取組みが始まったのは県庁が指示を出してからだという。

……最初は原発の状況については、なにもわかりませんでした。うわさでは聞きますが、テレビもない、新聞もない、ネットもつながらないわけですから、全くわからない。県庁からメールを送ったのに返事がないとかいわれたが、そういった機器も使えなかった。どこまでなにがつながっているか誰にもわからない状況だったのです。放射性物質を含む雨が降ったといわれる三月十六、十七日も普通に外を歩いていましたし、野菜も喜んで食べていました。食料確保のほうが重大だったのです。

……原発の被害情報も一週間後くらいからは徐々にはいってきましたが、石巻では放射能対策の仕事はありませんでした。市場への野菜出荷は三月中に停止になっていましたが、物流が止まっていたので、そもそも出荷できませんでした。

……最初は生鮮野菜のうち非結球性の野菜について出荷停止になりました。次に、稲わらに問題が生じたわけですが、なぜ稲わらに被害がでたかも当初はわからなかったのです。

……県庁が普及センター全体に指示を出してから、石巻農業改良普及センターでも取組みが始まりました。検査はそれからです。二十三年度はあまり対策がとれませんでした。対策に取り組み始めたのは二十四年度になってからです。

……宮城県産としては、風評被害はありました。遠くに行けばいくほど、東北は一つ、宮城は一つとみられるのです。宮城県の人は福島県に隣接する市町とそれ以外がわかりますが、ほかの県の人にはわかりませんから。

……宮城県の園芸作物は大阪に出回っていないのですが、米は関西圏に出荷しているので大打撃を受けました。有機栽培米をやっている人たちから相談を受けましたが、単価が下がるだけでなく、取引してもらえないという状況でした。

……出回っている農産物は基準値を超えていないので、完全に風評被害です。風評被害を鎮めるには、放射能検査を毎日継続し、放射能が出ていないことを証明してもらい、その情報を公開し周知するしかないのですが…。

……放射能対策でなにが大変だったかというと、放射能検査をするまで農家に出荷させないこと。新米などは早く出したいという農家が多かったですから。

……今、放射能検査の実務は普及センターの仕事になっています。モニタリング調査の計画をつくるのが県で、サンプリング対象を決め、実際にものをとってきて、計測するのは普及センターの仕事です。

……放射能対策といってもなにに抑制効果があるかは当初わかりませんでした。カリが有効だというのがわかったのは事故から二年後のこと、全国の試験研究機関からの情報提供があってはじめて知りました。

……稲わらの放射性物質は外側につく、大豆・小麦は吸ったものが蓄積するなど、最初はわからなかったのです。原因がわかりませんから、どういう指導をしたらいいのかもわからなかった。普及センターでできるレベルではないので、国にやってもらいたかったと思います。

……普及センターの放射能対策への関与が、東電賠償のための基礎資料となりました。その点では、普及センターの関与は意味があったと思います。

……放射能被害は、石巻はそうでもなかったのですが、稲わらに影響がでた地域は大変でした。

……沿岸部で塩害対応しないといけない地域と、内陸部の放射能被害対応をしたところは世界が違っていました。

他県からの技術提供に感謝

津波被害農地の除塩、灌漑設備が被災したための雨水灌水利用は、当地域にも技術提供された。派遣されてきたのは熊本県と滋賀県の職員である。被災県ということで他県からはさまざまな情報提供をうけたという。

……石巻では地下水が使えなくなったので、熊本県の有明海沿岸部で行なわれているハウスの雨水をためて灌水に使う技術の提供を受けました。

……熊本県からは二人の普及職員がきて、旅費も先方負担で、泊まるところもないので仙台に泊まって、石巻に通っていただいた。雨水をためるタンクの建設までやってもらいました。また、少量の培地で養液栽培ができる技術導入についても滋賀県から職員の派遣を受けています。

……最終的にその技術を使うかどうかの判断をするのは農家であるわけですが、経験者が来てくれて、実際に示してくれたのは非常にありがたかった。

……除塩、除染については、未知の技術だったので、ネットでありとあらゆる情報を調べ、使えそうなものを集めて、聞かれたら答えることができるように準備していました。

……他県に問い合わせると、被災地だということもあり、親切に情報を教えてくれたのは有難かったです。

津波で被災した農地を復旧するうえで熊本県の協力は大きかった。また複数の県からは移住の受け入れ相談もあったという。

……熊本県からは除塩や雨水利用の指導を受けただけでなく、労働力まで提供してもらいました。そのほかは、支援のための職員を普及センターに派遣するという県は少なかった。地方自治法に基づく県職員の派遣、いわゆる自治法派遣のほうが多かったと思います。

……北海道や熊本県、兵庫県などからは、被災した人に自道県への移住営農をしてはどうかという相談の受け入れに来ていました。亘理町の農家のなかには北海道に移住した人もいます。

被災した農家とどう向き合ったか

今回の震災では、家族や友人を亡くした農家、生産基盤が壊滅状態になった農家も少なくなかった。農家にとってそれは未知の経験であった。そうした農家と向き合うこと、それは普及指導員にとってもはじめての経験であった。このようななかで普及指導員は何を感じ、農家とどう向き合ったのだろうか。

……農家の受けた心理的なダメージは被災状況によってかなり違います。人生が終わったと思う人から、明日頑張ろうという人まで…。被害の少なかった人のなかには被害の大きかった人に申し訳ないという人もいる。残った人が頑張らないとダメだといって元気づけることもありましたが、農家自体も負い目がある。そういったところからくるストレスはやはり大きいです。

……自分の収入源がなくなったというショックはやはり大きい。話を聞くと、被災した農家のみなさんはなにか仕事をしなければと言うわけです。

……話を聞くことが重要なんです。たいへんだったねということで、なにができるかを一緒に考えてあげることで、農家の不安やストレスの解消に少しは役立ったのではないか。被災の状況は、人それぞれレベルが違います。何もない人もいれば、普段どおりの生活に戻った人もいる。井戸水があり、自家発電がある人もいる。

……営農活動に関して、なにかやりたいと思った若い人にとっては、周りが動かない、支援もなにがあるかわからないというのが、一番のストレスだったと思います。

……当初は、本当に厳しい状況で動けなかった人たちのところへは普及センターとしては行けなかった。被害の大きかった大川地区の人たちのところには間をおかないと聞きに行けなかったのです。大川地区でもやる気のある人のところには、やれる範囲でがれき処理でもなんでも手伝いに行きました。

……被災した農家についてあまりにかわいそうなので、話を聞くべきではないという人もいますが、そうではないと思う。やっぱり農家は話したいと思う。行って話を聞くことが重要。聞くほうもつらいが、今でも聞いてよかったと思います。

……聞くことで農業者も前向きになれるのです。震災後、管内の認定農業者に時間を置いて二回話を聞きましたが、周りの環境が整備されたこともあり、一回目よりも二回目に聞いたときのほうが前向きに変わっていました。

……聞きにいく時は、被害の程度で段階に分けて聞くように配慮しました。水だけ来た人、家がない人、家族もいない人など、そのレベルを聞かないと、なにを支援していいかもわからないですから。時期によって状況もどんどん変わっていきますし。

……話を聞く農家の状況は、いろいろと周りの環境から推測するようにしました。仮設住宅にいれば家がないということ、ほかの市町村に行った人も同様です。最初は役場に行って農家の被害についてのリストを作りました。本人が亡くなっている人、家族が亡くなった人、施設が無くなった人、農地が被災しただけの人など。それから、聞き取り調査のフォーマットを作って聞きにいきました。

……被災の大きい、小さいにかかわらず、どちらも普及の対象ではあるのです。沿岸部の被災者にも、内陸部の被災の小さかった人にも、同じように、普及をしないといけないという話は内部でしていました。

……でも、普通の農家で、それほどひどくないにしても被災した人のところへ普及センターの手が届いたかというと、実際はそこまで手が回っていません。やはり、農業士や認定農業者が中心でした。

……ここ数年は、小規模兼業など普通の農家のなかで、ちょっとしたことで普及センターに相談するという人はいなかったと思います。生活再建が第一で営農どころでないということも、農家はわかっていました。また、そういう人たちは、農業よりも生活の再建が大変だったのではないでしょうか。

普及指導員がうけたさまざまなストレス

農家のことを最優先でうごいた普及指導員たちであったが、彼ら自身も被災者であり、地震や津波被害のひどさを目の当たりにしている。また、職場である庁舎を津波で失うなど働く環境も激変した。そうしたなかでさまざまなストレスを感ぜざるをえなかったという。

……いままで一時間ですんでいた通勤が、全国からの支援体制が整ってくると、仙台付近に泊まった人が車で石巻に通ってきて、車の渋滞がおこり三時間かかるようになりました。それが体力的にはとてもきつかった。

……通勤時に、被災地をずっと通ってくると、なにか埋まっているようなところもあり、そこになにがあるかを、想像してしまうことがそうとうなストレスになりました。あのときほど仕事を辞めたいと思ったことはありません。本当に被災のひどいところは、津波がすべてさらい平地になってしまったのです。

……みるもの、きくもの、においも違う、まるで違う世界にいるような感じ。しかも、当初、電話も、車もなく、自分がなにもできないことも苦しかった。

……震災時の対応については、なにかやっても、はたしてこれでよかったのかという気持ちがあり、それが常にひっかかっていました。今振り返ってもそう思います。

……被災当初は、環境が整わず、拠点がなかったのは非常にストレスになりました。

……出先で震災にあったので、合同庁舎にも行けないし、職員がどこにいるのか、津波で何人死んだのか、そういったことを考えるのもとてもつらかったです。

……拠点がないときは、県職員のなかでもなわばり意識がでるのですね。人間関係がギスギスしたこともありました。県の下水道事務所に間借りしているときは、同じ県職員のなかでもいざこざが生じたりとか。自分たちの拠点を確保するまでは、それぞれの部署が殺気だっていました。

……震災発生当初は二四時間勤務のようになりました。不規則で、資材や機材もなく、余震も起こるなかで、津波警報も鳴る。今でも、警報を聞くと本当に緊張します。

……拠点がなく、働く環境が整わないうちは非常にストレス。われわれはそれでも徐々によくなりましたが、途中から石巻地方に異動してきた人は、慣れない土地ですごいストレスがあったと思います。朝通勤三時間かかるとか。

災害対策で重要なのは平時からの準備

これまでに経験したことのない地震と津波。そこから得た教訓は数多くある。とりわけ災害時の通信手段、移動手段について改善をうながす声は多い。

……安全なところに資材や機材、自家発電装置を保管しておくとか、拠点がだめになったら、どこに行くかを考えておくとか、普段からさまざまな準備をしておくべきだったと痛感しています。

……拠点のバックアップが必要だった。最初から別の普及センターをそういう拠点にするとか決めておけばよかったと思います。

……移動手段がないのと、紙、鉛筆、資料など、ものがないところが苦しかった。普及指導員は人と話すことが仕事なのに、現場まで行けないとか、資料もなく技術提供もできないとか。

……通信手段がないと、非常に困りました。消防防災無線とかタクシー無線とかが必要だと思いました。複雑なシステムは被害を受けると、復旧まで時間がかかります。とにかく簡単なシステムで通信できるものを備えておくべきです。

……緊急事態にどう行動すべきかについては、平常時に準備しておく必要があります。しかし、お金を伴うことなので、すぐには整備できません。今でも公用車は一階に置くしかありません。電源装置も一・五m高いところに移動させましたが、それでも津波がきたらダメだと仲間は言っています。

……なにを優先すべきかを考えておく必要があります。今回の震災を振り返れば、まずは、普及の対象である農家がどうなったかということを情報収集すべきです。現実は、震災直後においては誰がどこにいるかが全くわかりませんでしたが…。また、情報を整理すべき拠点がなかったのが厳しかったです。

……被災時には、自分の身を確保することを優先すべきです。それから周りのことを考えるべき。地震発生時に出先から合同庁舎へ戻ってきた人と、安全なところに避難した人がいたが、津波被害の可能性がある合同庁舎へは戻るべきではなかった。避難した人が正しいと思います。

現場とのつながりが普及を支える

当時を振り返る普及指導員たちが強調するのが、普及と現場のつながりである。日常から農家とつきあってきたからこそ、この震災にも対応できた面が大きい。それは自分たちの仕事の意味の再確認でもあった。

……普及センターは地元の人とのつながりがあったので、復興のための対策・準備とかに早めに取り組めたのだと思います。人に声をかけて、すぐに対応してもらうには普段からの人的つながりが必要です。

……ＪＡの二階を仮事務所として入居できたのも、ＪＡと普及センターに日頃からつながりがあったからです。被災をしていない農家から食料を買いつけられたのも、普及センターと農家のつながりがあったから。当時、スーパーは開いていても、ものがありませんでしたから。

……石巻専修大学の体育館を借りていたとき、合同庁舎全体の昼食弁当などを生活研究グループの会員の方にお願いできたのも、合同庁舎職員の駐車場を農家の庭や土地などで確保できたのも、普及センターと農家のつながりがあったから。水も農家に井戸水を分けてもらいました。それと、米は避難所などには玄米で持ち込まれますがそのままでは食べられません。そこで普及センターが管内の農家や栗原の農業改良普及センターを介して精米機を調達し女川町の避難所まで夜もっていきました。そういったことができたのも普及指導員と農家の人的つながりがあったからです。

……被災地調査では、以前はなにがあったかわからない土地を調査することになります。普及指導員は日ごろから現場に出ているので、ここは道だったとか、水田だったとかわかっていたので案内ができたのです。

……除塩の実証にしても、人と場所を調整するのは普及センター。誰のどこの田んぼでやるのかを、普及センターが農家との間にたって調整し、実施しました。

……農家との人的つながりは、普及センターの仕事のなかで受け継がれています。担当職員が異動したからといって、なくなるものではありません。

……農家は、一般の行政と違い、普及センターだと安心して付き合ってくれます。それが震災後の支援に大きく寄与したと思います。

……普及センターの仕事は、農家がどこでなにを作っているのかまで知らないとできないのです。逆に知らないと不安になります。農家がなにかやりたいという気持ちを日々のかかわりのなかで把握しているからこそ、なにかのきっかけで、たとえば震災を契機に、これをやったらと提案できたわけです。

……普及指導員の仕事は県職員としては、非常に異質だと思う。現場を持っている。やらないといけないことは、あらゆる手段を使って実現するというような職場です。

……農家の家庭環境まで知っているからこそ、これをしたらという指導ができる。そういう部署は県の他の部署にはあまりない。人がわからないと指導ができないのが普及の仕事ですね。

宮城県　石巻農業改良普及センター

農業生産等の状況……石巻農業改良普及センターは、宮城県石巻市の宮城県東部地方振興事務所合同庁舎内に事務所があり、所員一八名で石巻市、東松島市および女川町の二市一町を管轄区域としている。管内は宮城県の東部に位置し、管轄区域の東部および南部は太平洋に面しており、東部沿岸一帯は丘陵リアス式海岸が形成されている。中央部には北上川が流れ、流域には広大な耕地が開け、西部地域には南北に低い丘陵が連なっている。気候は夏は比較的冷涼で、冬は日照時間が長く積雪が少ない。海洋性気候の影響を受けて比較的温暖な地域である。

経営耕地面積の九二％が水田で、畑地は七％、樹園地が〇・一％と水田の占める割合が高く（二〇一〇年農林業センサス）、米をはじめ、冬春キュウリ、夏秋トマト、秋冬ネギが国の野菜指定産地であり、花きでは東北一のガーベラ産地があるなど、県内の主要な園芸産地となっている。農協を通じた系統集荷は、米が第一位で、次いでキュウリ、トマト、ネギと続き、これらが約一億円を超える品目（平成二十六年）である。

被災の概要とその後の状況……東日本大震災による津波被災等で、平成二十三年の水稲作付面積は六六四〇haと震災前（平成二十二年八一一〇ha）の八二％に減少したが、農地の復旧や内陸部での主食用米の生産拡大により、平成二十五年には七七三〇haと震災前の九五％まで回復している。また、津波被害が甚大だった沿岸部では、各種の復興関連事業により農業施設・機械等の整備が進められ、園芸施設においては、被害面積二七・九haのうち、平成二十六年三月末までに一五・八ha（五六％）が復旧している。

農業生産等の新たな動き……現在は被害を受けた生産基盤が回復し、地域農業の中核となる担い手や新たに設立した生産組織・法人等により、水田を有効利用した省力、低コストな稲・麦・大豆作や加工業務用野菜の作付けの拡大が図られている。また、大規模園芸施設の団地化が進むとともに、六次産業化などによりアグリビジネスが推進され、経営の広域化・大規模化が推進されている。水田営農では、震災を契機として大規模土地利用型経営体の育成に力を入れており、新たに園芸部門を導入して経営の複合化を目標としている。

また、震災以前から農業法人が雇用労力を取り入れた大規模な経営を展開していたが、震災後、各種の復興関連事業の活用によりキュウリやトマト等の大規模園芸施設が導入され、新規設立法人による生産が行なわれている。石巻市北上地区では次世代型施設園芸導入加速化事業によりオランダ型の園芸施設を導入し、平成二十八年から生産開始を予定している。安定生産と食の安全性向上のため、農業生産工程管理（ＧＡＰ）の認証取得に向けた動きもでてきている。

農産物処理加工施設での菓子製造など生産から販売・加工までの六次産業化に取り組み、経営の多角化による経営安定を図っている経営体もみられる。

宮城県

仙台・亘理農業改良普及センター

本聞き書きの元となった調査は、平成二十七年九月七日に宮城県庁会議室で行なわれた。調査者は粕谷和夫と内田多喜生で、調査協力者は四名。一人が震災時の仙台農業改良普及センター農業振興部総括次長。その後、亘理農業改良普及センターに転勤し、現在、宮城県大河原地方振興事務所農業振興部長。もう一人が当時の同普及センター地域農業班班長。その後県庁へ。現在、宮城県農林水産部農業振興課普及支援班技術補佐（班長）。そして震災時に亘理農業改良及センターと仙台農業改良普及センターに所属していた二名（現在は、宮城県農林水産部農業振興課普及支援班農業革新支援専門員および石巻農業改良普及センター技術次長）である。

安否確認・農地の被害調査から始まった情報収集

仙台・亘理地域の沿岸部は巨大津波に襲われた。震災発生直後は支援物資の輸送や遺体安置所関連の仕事など一般被災者支援で精一杯だったという。津波被災地は立ち入り禁止区域でもあり、そもそも移動のためのガソリンも不足していた。状況が少しずつ落ち着くなかで、農業者の安否確認や農地の被害調査が進められていく。

……仙台農業改良普及センター（以下、仙台普及センターと略す）では震災発生後、しばらくは普及指導員としてよりも県職員としての仕事が中心でした。支援物資の輸送とか遺体安置所関係の仕事がはいってきたのです。農業分野では、重要度に応じて進めるべき情報収集がうまくできなかったと思います。

……最初は生活関係の情報収集がメインで、農業関係はその後になりました。とはいえ、津波被災地は立ち入り禁止で、しかもガソリン不足で移動手段がなく、実際に情報収集できたのはしばらく時間がたってからのことです。立ち入りできないところは、情報収集のしようがなかったのです。通常は農協や役場への聞き取りから情報を得ているのですが、いずれも混乱しており、しばらくうまくいきませんでした。

……震災発生当時、亘理農業改良普及センター（以下、亘理普及センターと略す）そのものは被災しなかったのですが、当日は、電気も防災無線もストップしてしまい、本当の状況がわかりませんでした。翌日からは仙台普及センターから被災の状況確認とか人的支援の担当が割り振られ、公用車を活用して被害の状況を確認しました。

……しかし、不明者が多く、農業者と接触すること自体が難しく，亡くなられた方も多くいました。このような被災のなかで農業の話をしていいのか躊躇する部分もあり、情報収集は困難でした。一方で、公用車を使って動ける範囲の中で、津波による施設の被害状況など、記録として残せるようにできるだけ多くの写真を撮りました。それらの写真を使って現場の状況について仙台地域の農業振興部や県庁関係と情報の共有を行ないました。

……当時、仙台普及センターの果樹担当だったので、自分の担当している現場は海岸沿いにはありませんでした。震災直後は電話も通じず、ガソリンもなく、実際に現場に入ったのは

上／被災直後の水田（平成23年3月、仙台市若林区）
下／残ったハウスのイチゴも津波による海水で枯死した（亘理町）

津波によってハウスはなぎたおされた（山元町）

四月三日だったと思います。三月中は公用車でもガソリンが簡単にいれられるような状況ではありませんでしたから、ガソリンが残っている公用車で海岸沿いの被害の確認や、津波被災地の土壌被害の調査を行ないました。

……情報収集はまず農業者の安否を確認しました。農業者とコンタクトできないと、被害状況がわかりません。最初は避難所めぐりを農協や行政と一緒に行ないましたが、全体を把握するにはかなり時間がかかりました。その後、農業を続けるか続けないかなどの意向調査を行なっています。

……人の安否確認の次は、農地の被害調査。津波がきたのかどうか、その年、営農できるのかどうか、土壌調査などです。安否確認は、担当者ごとに対象が異なります。私は関係のある指導農業士に電話をし、その方から他の農業者の情報を聞くというかたちでやりました。ほかには農協の部会の部会長などにも伺い、部会会員の方についての情報を集めました。

関係機関の情報共有は平時でももちろん大切だが、迅速かつ的確な対応が求められる災害時にはさらにその重要性は増す。東日本大震災はその被害の甚大さにおいてはじめて

の体験であり、管内諸機関との情報共有は積極的に行なわれたが、普及センター間での情報共有は難しかったという。

……仙台普及センターでは、仙台市、仙台農協と普及センターの三者で班を組み、四月、五月くらいに認定農業者等のリストを作成し意向調査を行ないました。現状把握と意向調査をしながら、三者での情報共有につとめました。

……亘理普及センターでは、管内四市町職員と農協職員らで班を構成して、津波エリアの浸水の有無の確認を行ない、情報共有のために浸水エリアマップを作りました。営農再開可能なエリアを確定し、大きな白図を作り情報共有につとめました。たとえば、一haに一点の土壌調査をし、塩分濃度を確認するなど、水稲の営農再開に向けて、行政等と一緒に情報共有しながら活動を進めていったのです。

……仙台普及センターでも行政等と連携して、亘理普及センターと同様の活動を行なっています。

……仙台、亘理両普及センターは同じ振興事務所管内なのですが、情報の共有はできませんでした。それぞれの普及センター単位で情報収集を行なっていたのが実情です。ましてや石巻市とか南三陸町とか他の被災地との情報共有はありませんでした。被害があまりに大きく、その余裕もなかったのです。

……活動は普及センター単位で動いていました。今になって考えれば、もう少し効率的な調査の方法とか情報収集ができたかもしれないと思います。たとえば、石巻で浸水した農地を除塩したあとに大丈夫であろうと思い大豆をまきましたが、地盤沈下の影響もあり、夏の少雨で地下から塩分が上昇して枯れたりとか。そういう情報は、仙台でも役に立ったはずであり、もう少し情報を共有してうまくやればよかったのかとも思います。

……被災地の写真情報は、県の特定のポータルサイトに徐々にアップされていったので、何月何日にどういう状況になったのかわかるようにはなっていましたが、実際にほかの普及センターと共有できていたかどうかは疑問です。あまりにも震災の規模が大きくて、ほかの普及センターの状況まで確認する余裕はなかったのが現実だったと思います。

……石巻普及センター、本吉普及センターは、庁舎そのものが被災しており、情報収集とか、そんな余裕はなかったと思います。

……仙台市以外は、震災直後は農業関係に手を出せなかったと記憶しています。なにより一般被災者の支援、たとえば避難者の支援だけで手一杯であり、生活関連がどうしても中心になりました。仙台市だけは、農業にも人を割いていました。それ以外の行政、とくに町村では、農業関係に人がいないので手がまわっていませんでした。そのなかで普及指導員は情報収集を行ない、市町の対策会議に参加し、いろいろ情報を提供するとともに、情報の共有化に努めたのです。

……市町の規模で人の配置が違い、農業に割く人員も違っていました。一方、普及指導員には市町担当がいて、対策会議に参加し、いろいろ情報を得たり提供したりしました。対策会議が各市町で毎日開かれ、それらの会議に普及指導員も参加しています。各自治体で対策会議が置かれるようになる頃からは、情報の共有化についても問題はなく、県から各行政への指示もつないでいました。

苦しさと向き合いながら農家の聞き手になる

仙台・亘理両普及センター管内の沿岸部では施設や農地、農機具などの農業基盤だけでなく、家や家族を失った農家も少なくなかった。亡くなった農家のなかには、普及指導でつながりのあった人もいる。そうしたなかで普及指導員たちは、目の前にいる農家の聞き手になっていく。とりわけ、状況も把握できない震災当初は、ひたすら話を聞くことしかできなかったという。

……農家との対応の仕方も時間の経過とともに変わっていきましたが、当初は本当に聞くしかありませんでした。震災後農家と最初に会った時には、家があるのかないのか、家族が生きているかどうかもわからない。仲間の人からの情報もなく、どんな言葉をかけていいのかもわからない。その人の詳しい状況がわからないので、言葉を選んで会話するのですが、聞くことしかできないわけです。普及指導員とは人的つながりが深いから、そういう状況でも話をしてくれたと思うのです。

……県の指示で震災のあった年の五月に農業とは別の仕事で、山元町に泊まり込みで応援に行きました。そのとき、知り合いの山元町の農家が、家を流されたということで役場に来ていたのですが、私と顔を合わせたら、イチゴをどうしようかという農業の話になりました。私がもう一回やってみたらという話をしたら、がんばってみようかという前向きの話になったのです。そんな農家が何人もいました。話すことで、農家も前向きになったのではないでしょうか。その意味で、普及指導員は、被災農家と話すことが重要だと思うのです。

……聞くことがともかく大事。被災者は話したい、聞いてもらいたいという気持ちをもっていたのだと思うのですね。でも被災者の周りは、被災された方ばかりで、話し相手がいない。そんななかで、普及指導員は身近な話し相手になれたのではないでしょうか。

……震災当初は、農家に安否確認で電話をかけるのが怖かった。電話に出るのかどうか、出て安心したとしても、そこから先が難しい。さらにどうだったということを聞いて、家族が亡くなったという話を聞くと、もう次の言葉が出ないのです。

……役場や農協には強い口調で支援しろとかいう人も、普及センターは技術支援をする組織だと理解しており、苦情を言うよりは相談先と思っている。いろいろな思いを話すことで楽になりたい部分もあったと思うのです。

……つらかったのは、調査でつながりのあった一生懸命農業をがんばっていた方が、一家全員亡くなってしまったこと。前向きの話が聞けず非常に残念でした。

……果樹は内陸なので、農家の被害は少なかったです。四月をすぎるころには内陸の果樹農家は通常の生活に戻りました。亘理は海岸にイチゴ農家、山側にリンゴ農家と分かれていたので、だいぶ地域差があったと思います。

……被災された方はこれからどうしようということで、ものすごくきつかったと思います。

……津波を受けた被災地が補助事業を受けてだんだん復旧してくると、今度はそれを受けられない内陸の方々にはその差が納得しにくいというか、そのことが気持ちの上で負担になってくることもあったと思います。

……五月ごろまで、被災した人はどこに住むかも決まっていませんでした。生活が固まっていないことに農家は相当なストレスを感じていたと思います。それが変わってきたのは、生活がある程度落ち着いて営農再開という段階になってからです。

……私にとっては、未知のこと、わからないことが多かったのがきつかったです。技術的なことであまりにも未知のことが多く、誰に相談していいかわからないことが、一番のストレスでした。私の場合、農家との関係からストレスを感じることはありませんでした。震災当初、たしかに農家は途方にくれていましたが、普及指導員に対して攻撃的な質問をすることはなかったです。

……復旧に向けた事業が出てくると、その受け皿としての組織のとりまとめが必要になります。何が何でも組織を作らないといけないということで、農家との関係でストレスを感じるというよりは、ひたすら仕事に打ち込むだけだったと言えるかもしれません。

……普及指導員の仲間が被害にあわなかったことが、精神面では助かりました。

……農家から相談がもち込まれるようになったのは、ある程度時間が経って落ち着いてきてからです。イチゴ農家の方々が亘理普及センターに相談に来ることがありました。復興関係の事業がいろいろできつつあり、農協とやりとりしながら対応しました。施設を再建するのになにか補助事業がないかとかいった相談が多かったですね。一人ではなくグループを作ってくださいなどのアドバイスを行ないました。

……仙台普及センターは町中にあるので相談に来ることは少なかったのですが、石巻普及センターが石巻専修大学の体育館に間借りしていたときは、農家の方々が来て、営農再開の話とか、家族を亡くした若い後継者についての相談とかが結構ありました。普及センターに来る方は前向きの話で来る方が多かったのではないでしょうか。

普及のノウハウと関係機関の連携を生かした復興

東日本大震災で地域の沿岸部農業は大打撃をうける。施設栽培は比較的早い時期から復興がすすんだが、土地利用型農業の再開については農地の復旧だけでなく、誰が担い手になるか、組織化・法人化をどうするかなどの問題に直面した。そのとき力になったのが、普及センターがこれまでの普及事業をつうじて蓄積してきたノウハウ、関係機関との連携、そしてなによりも農家との人的なつながりであった。

……施設栽培のイチゴは早い時期に営農を再開することができたのですが、米、麦、大豆などの土地利用型農業については時間がかかりました。みんなが避難生活をしているなか、水田や畑地の復旧が完了した時に誰が担い手になるのかという問題に直面したのです。

……行政、農協、普及で、これはと思われる人へのはたらきかけを行ないました。平常時の補助事業などであれば地域で三年くらい時間をかけて話し合いを行ない、意見集約しながら進めるところを、非常に短時間でやらないといけなかった。その際、力を発揮したのが蓄積してきた普及のノウハウでした。

……たとえば、どういう人をリーダーにすべきかは、普及センターが地域のリーダーとのつながりがあったのですぐに対象者を見つけることができました。そして、地域のリーダーを中心に、土地利用型経営体の組織化・法人化を進めていったのです。法人化の手続きも、わかる範囲で普及センターが支援を行なっていきました。

上／農地の復旧は瓦礫の撤去や汚泥の除去からはじめられた（七ヶ浜町）
下／掛け流しによる水田の除塩作業（仙台市若林区）

……県が震災復興計画をたてていて、生産構造を変えることも、その計画のなかにありました。とくに仙台東部については、震災前より、大規模土地利用型経営の実現とか、高度な施設園芸等の絵姿がすでにあったのです。ですから、普及が独自に復興計画を作ったというよりも、すでにあった計画をどう実現させていくかというところで支援や下支えをしていったというほうが実情に近いと思います。

……営農再開については行政によって進め方が違ったので、それぞれに合わせた対応をとりました。岩沼市ではまず生活再建が先でした。生活再建がある程度固まったら、農業もやりましょうというやり方です。市主導の取組みを、普及が技術面でサポートするかたちをとりました。それと組織化には、他県からの出向者（農地整備関係の出向者）の力が大きなものとなりました。島根県などのノウハウをいれて集落営農を作ったのです。

……名取市では、農協も市役所も当初は生活支援が優先され、なかなか農業分野では動けませんでした。そのようななか、普及センターが主導して組織作りを支援しました。一つ組織ができるとそれがモデルとなり、農協も支援をしていきます。ともかく一つ組織を作るまでが大変でした。

……被災地の土地利用型農業の組織化については、十分な時間をかけて結論をだしたわけではありません。補助事業を受けるために組織化した側面もあるので、数年たってみて、人間関係がギスギスしているところも出てきています。リーダーも年功序列や集落組織の人間関係で決めた場合もあるのです。そのような組織には、役場・農協と情報を交換しながら組織の安定に向け支援していく必要があると思っています。

……被災地のなかでも格差がでてきているのです。問題は、直接被災していないが基盤整備が必要な地域の場合です。震災関連の補助金が出ず、自前で施設を揃える必要があるので資金面が課題になっています。そういう面で、被災地のなかでの格差がでてきており、配慮が必要だと思います。

亘理町・山元町のイチゴ団地の取組みは農業復興の優良事例として知られる。ではそこで普及センターはどのような役割を果たしたのだろうか。

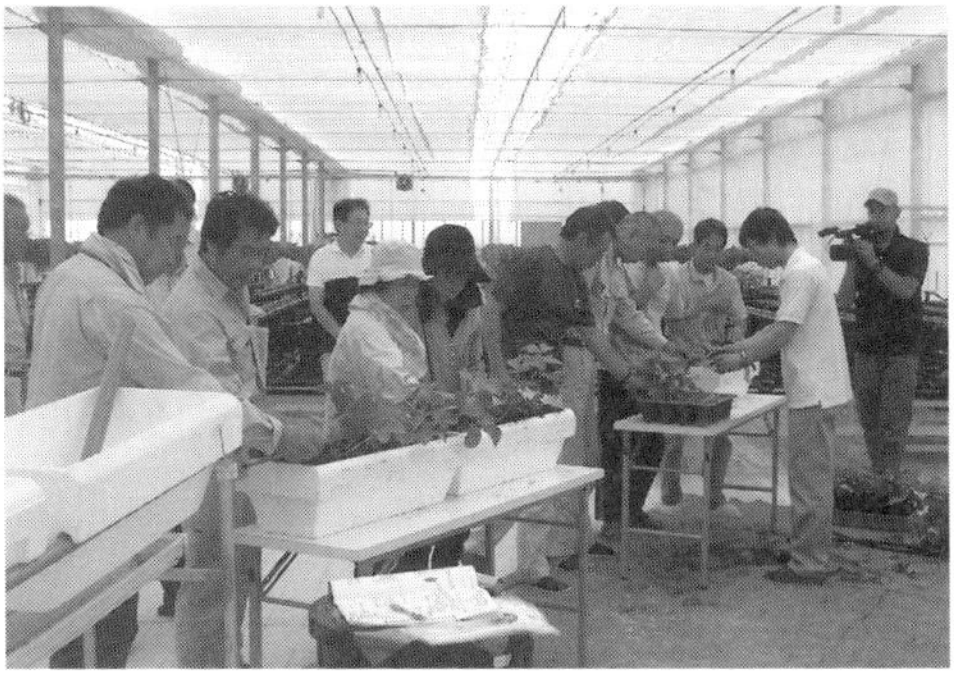

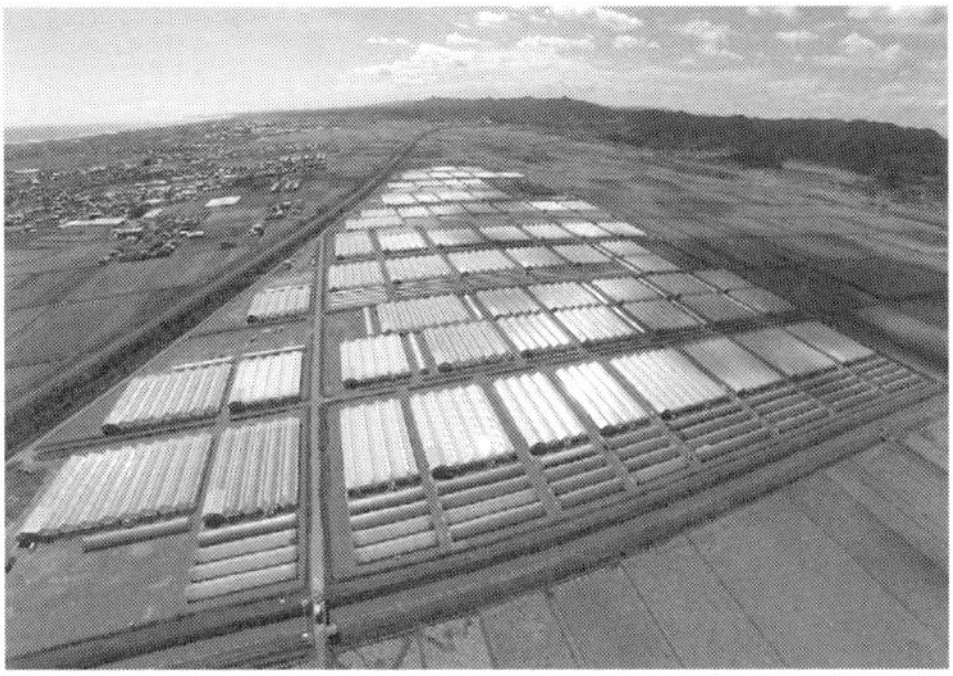

上／平成24年9月にはじめられたイチゴの高設栽培指導会（亘理町）
中／クラウン加温技術を取り入れた高設養液栽培システム（亘理町）
下／亘理町洗吉田に作られたイチゴ団地。総面積13.7ha（写真提供：JAみやぎ亘理）

……亘理町・山元町のイチゴ団地については、パイプハウス、土耕中心だったものを、高設ベンチ、養液栽培を導入することになりました。普及センター、試験研究、農協でチームを作り、月二回、会議をもちました。技術の細かいところは試験研究、販売とか資材は農協、全体をとりまとめるのは普及という役割分担としました。

……新技術の導入を主導したのは役場です。畑地が海水を被ったので、まず土耕ができなくなった。さらに、地下水が使えないため、使用するのは上水道。上水道を使うためにも電気を引くためにも団地にする必要がありました。町はイチゴの復活イコール町の復活ということで積極的に進めていきました。

……震災前から亘理のイチゴ農家のレベルは非常に高かった。作物を見る目、たとえば病気とか、生育を見る目とか、害虫の知識とか。ただし、養液栽培は初めてだし、ハウス環境も違うので、そのへんを注意するために、ひと月に一回は全部の農家を回るようにしていました。

……亘理では現在、ＩＣＴ（＝Information and Communication Technology）の活用が進んでい

ます。webカメラで圃場を監視し、センサーで温度、二酸化炭素濃度等をスマホで見るとかの「見える化」が進み、レベルはさらに向上しています。震災前と異なり、圃場と家が離れているので必要な新技術といえます。イチゴ団地の方は、若い人から年配の人まで新技術に興味をもっていますが、これらの情報は団地全体、支援チームでも共有化されています。

……山元町はもともと高設でやっていた人もいたので被災面積と震災後のイチゴ団地の面積は同じです。亘理町は、パイプハウスでやっていたので面積は八割に縮小。亘理町は面積が小さくなりましたが、大型鉄骨ハウス栽培になったので単位収量が上がり、収益的にはそれほど変わらないと予想しています。

……イチゴ団地の復興では、資材メーカーも支援チームのメンバーという位置づけです。肥料メーカー、農薬メーカー、機械メーカーにもこのメンバーにはいってもらった。各町でメーカーが異なるので、普及センターが担当になってその連絡調整をやっていました。

……普及センター、試験研究機関、農協、資材メーカーなどの関係者は、すべて農家のためという意識で情報を共有し、サポートしていたのが、成功の背景だと思います。一人も脱落

上／点在していた畑地を集約し復旧した畑でのネギ栽培（仙台市若林区）
下／30a区画を1ha区画に整備した復旧水田での稲刈り（仙台市若林区）

者を出さない、全員が成功するようにと、関係機関が一体となってサポートしていました。技術をもって農家とつながっている普及センターが支援チームの中心にいたため、農家も安心して取り組めたのだと思います。

もちろん被災地の農業復興のすべてが順調にすすんだわけではない。だが、普及指導員が継続的に支援に取り組むなかで新しい営農と暮らしのスタイルが地域に生まれつつある。

……イチゴ団地は、新技術の導入と普及センターの連携がうまくいった事例だと思いますが、震災後は外部からの技術の売り込みがかなりありました。それらの情報を普及センターが共有し連携して取り組めばうまくいったと思いますが、そうでない事例もありました。

……たとえば、ある法人が導入した新技術はたいへん特殊な方法でした。普及センターとしては当初から難しいとみていて、慎重に進める必要があると考えていたのです。しかし、復旧・復興が優先され、計画が実行された結果、結果としてさまざまな条件が重なり、経営が成り立たなくなってしまいました。そもそも総合的にみてかなり難しい計画であり、開発したメーカーにもノウハウがなく、普及センターとして懸念したことが現実になってしまったのです。

……仙台平野沿岸部では、ほとんどの地域が津波の被害を受けました。地盤沈下もあり、季節によって状況が変化するので、普及センターでは、定期的に塩分濃度等の調査をして、今でも、情報提供を続けています。

……沿岸部の花き農家組織を、震災を契機に普及センターでテコ入れを行ないました。その仕組みを県内全域に広げたところ、若手も増えていますし、生産量も震災前にかなり近づいています。これまで園芸部門を担ってきた親世代は、細かい作業が必要になったことから、これを機に、新しくできた土地利用型農業に親世代が従事するような動きもみられます。

……仙台沿岸部の新しくできた組織では、農家は通勤農業になっているので、圃場の現場に顔を出して普及活動を行なっています。石巻管内では先進的な農家が集まって新しく組織ができているので、前よりも効率的な普及ができています。

……集落営農になると、雇用労働の活用も必要になり、園芸部門をいれる必要がでてくるわけですが、その背景には、集落を離れた元住民を含め、多くの人にもう一度農業にたずさわってもらいたいという意識もあるのではないでしょうか。まだ仮設住宅に住んでいる人たちや、津波の可能性がある地域には宅地が再建できない地区もあり、新しくできた組織は通勤農業で営農活動を行なっているところがほとんどです。昔のコミュニティを、別のかたちで復活させたいという意識が、震災関係で新たに立ち上がった組織にはあるのだと思います。

放射能対策はサンプリング調査と吸収抑制技術の普及が中心

放射能汚染についての情報は当初、宮城県でも不足していた。国や県の試験場から情報を入手しつつ、土壌汚染調査、農産物のサンプリング調査、そして放射性物質の吸収抑制対策、果樹の除染などとすすめていく。現状把握のための調査は重視したものの、農家からは基準値超えの数値がでたらどうするのだという声もあり、難しい場面もあったという。

……東京電力福島第一原子力発電所事故の影響は大きかった。宮城県は福島県に隣接しているので、隣接している県南部の市町で影響がでました。風評被害の影響も受けています。私は、震災後一年たって亘理普及センターから大河原普及センターに異動になり、そちらでの対策にもかかわりました。

……被災直後は、果樹などで規制値を超える可能性がありました。原発事故から一年後には基準値そのものが五〇〇ベクレルから一〇〇ベクレルへとより低い厳しい数値へ変わりました。お米への影響もあったので、それにどう対処するかも大きな課題となりました。

……お米に関しては、カリウム施用や深耕などの対策を交付金を使いながら行なっていきました。普及だけでは対応できないので、国や宮城県の試験場から技術対策について情報提供を受けながら、一緒になって対応しています。

……初期は土壌の汚染状況のサンプリング調査、その後、今もやっている農産物のサンプリング調査に取り組みました。そこから吸収抑制対策、さらに、果樹の除染とかに進んでいったのです。

……果樹についての除染は、柿など放射性物質の影響を受けた作物について実施しました。

……普及センターでは、県の試験場と連携し吸収抑制対策をプロジェクト対策として取り組んでいます。また、福島県の試験場が国のアドバイスを受けながらホームページで当時公表していた技術対策が、宮城県の対策においても大変参考になりました。

……農家の方は放射能汚染について詳しい情報がなく、ネット上の風評などもあって二〇一一年四月の段階ではいろいろと質問がありました。わかる範囲で答えましたが、たとえば、阿武隈川の用水は大丈夫か調べてくれという依頼もありました。サンプリング調査をして大丈夫という説明も行なっています。

……当時、農家には、放射性物質による汚染の可能性を排除していくための、技術対策情報を提供していました。講習会などで説明したり，チラシを作成して配布しました。

……消費者のなかにはいくら説明しても理解してくれない人たちもいるわけです。でも、できるだけ情報を提供していくことが必要です。サンプリングについては、農家からも心配する声が少なくありませんでした。もし放射性物質がでたらどうするのかと。たとえば、少しでも基準値をオーバーすると大々的に報道される。そうなったらどうするのかという声もあり、難しいところがあったのです。

……サンプルは普及センターが集めて、東北大学のラジオアイソトープセンターへ毎週お願いして検査してもらっていました。その後県の産業技術総合センターへ精密検査の機械が入ったので、そちらへ持っていくようになりました。最初は週に二、三点、その後は週に一〇点程度に増え、サンプル調査対応で丸一日かかるようになりました。

……検査結果は毎週新聞に載りホームページでも公表されます。これを流通関係者がみているわけです。サンプリングは、最初は農家の圃場からでしたが、直売所等に移っていきました。数値は微々たるもので、今でてくるのは山菜等ごく一部の品目。栽培作物は、今はほとんど不検出です。

……放射性物質対策については、今は通常の営農技術で対応可能なレベルまで低下していますが、一部農地でカリウム施肥、牧草地では天地返し等も継続して行なっています。果樹農家は、放射能被害については、余り気にしなくてもよいくらいになっています。

復旧・復興の経験をどう生かすか

今回の震災では復旧・復興が急ピッチで進められたが、事業先行型の取組みに問題はなかったか、そこに普及指導員の声をもっと反映させるべきではなかったかという声もある。それは、今回の経験をどう生かすのか、そして今後想定される災害にどう備えるのかという問いにもつながっていく。

……営農再開に関して、報道が特定のところに集中するのはいかがなものでしょうか。そういうところに、支援の情報も集中します。たとえば、大臣が視察に来ましたというと、メーカーからの支援もそういうところに集中するわけです。普及としては、偏った情報とならないようにしないといけない。事例が少ないときはともかく、ある程度ふえてきたら他の所も公平に紹介すべきだと思います。

……事業先行型の計画に対し、はっきり物言いをして、途中で軌道修正をするくらい普及もかかわりをもつべきではないでしょうか。

……震災復興に関しては普及からみて問題が発生する可能性があるような案件に対しては、地元の普及指導員の声をもっと尊重してもらえる仕組みがあればよかったです。

……今回の震災対応のように、復興の事業要件でグループづくりをしないといけない場面は今後もあると思うのです。しかし復旧、復興を無理に進めるのではなく、まとまる人たちの意向をよく聞いて、考え方が一致した時にちゃんと組織化したほうがいいのではないでしょうか。事業のための組織づくりで、あとでばらばらにならないように。もう少し先をみて、復旧、復興のための人づくり、組織づくりをする必要があると思います。

……今回の大震災において、除染、除塩等農業関係の復旧、復興に関連するさまざまなデータ等が蓄積されたわけですが、今後に生かせればと思います。火山噴火等、今後さまざまな災害が考えられるわけですが、各地で今からあらゆる事態を想定して、きちんと準備しておく必要があると思います。

宮城県　仙台・亘理農業改良普及センター

仙台農業改良普及センター……仙台農業改良普及センターは、宮城県仙台市青葉区の宮城県仙台合同庁舎内に事務所があり、所員一九名で政令指定都市の仙台市をはじめ、塩竈市、多賀城市、松島町、七ヶ浜町、利府町、大和町、大郷町、富谷町、大衡村の三市六町一村を管轄区域としている。管内の総農家戸数は八三二一戸（二〇一〇年農林業センサス）、農業産出額（平成十八年度）は一八六・九億円（宮城県農林水産統計年報平成十八〜十九年）であった。

管内農業の主要作目は米九八・六億円（五三％）、園芸は四五・五億円（二四％）、畜産三六・八億円（二〇％）となっている。東部は太平洋に面した平野部、北部は奥羽山系から発する河川に開けた平野部である。仙台市（アメダス仙台、平年値）の年平均気温は一二・四℃、西部の山間部を除いて積雪は少なく、年間日照時間は一七九六時間である。

管内の農業生産は、平野部に開けた広大な水田を活用した米・麦類・大豆・ソバ等の土地利用型作物を基幹に、大消費地仙台を抱え都市近郊の特徴を生かした園芸等の多彩な農業を展開している。

東日本大震災により、仙台湾沿岸地域では広範囲に海水が流入し、仙台市二六八一ha、多賀城市五三ha、塩竈市二七ha、七ヶ浜町一七一ha、松島町九一haの農地が流失・冠水等の被害を受けた。被災した各経営体においては、被災をきっかけに共同化・組織化に積極的に取り組むとともに、震災復興関連事業を活用した農地や施設の復旧を行ない経営の再開と体質強化を進めている。規模別では、一〇〇ha規模の大規模土地利用型経営体設立が複数認められるようになり、大型の施設野菜や土地利用型加工・業務用野菜生産などの雇用型の経営形態も散見される。

亘理農業改良普及センター……亘理農業改良普及センターは、宮城県亘理郡亘理町に事務所があり、所員一四名で名取市、岩沼市、亘理町、山元町を管轄区域としている。管内の総農家戸数は三九六〇戸（二〇一五年農林業センサス）、農業産出額（平成二十六年度）は約七五億円（管内JAの受託販売額より）であった。

管内農業の主要作目は産出額（平成二十六年値）の構成比から見ると、園芸（六四％）、米（三二％）となっている。太平洋沿岸に位置し、冬季日照時間が多く温暖で積雪量も少なく、夏季冷涼な海風が入ることから、施設園芸、特にイチゴが県内シェアの七四％（みやぎの園芸特産データブック）を占め突出している。そのほかセリ、シュンギク、リンゴ、カーネーション、チンゲンサイなどが県内第一位の代表的な産地であり、キュウリ、トマト、ホウレンソウなども生産されている。

管内二市二町すべてで津波被害があり、水田の約七〇％、イチゴ約九五％が被災した。

平坦地であり、沿岸にあった排水機場が破壊されたため、津波被害を受けなかった水田でも用水が流せないことから、自然排水が可能な水田を除き平成二十三年産の水稲作付けの自粛を余儀なくされた。また、名取市と岩沼市のカーネーションやキュウリ産地も甚大な被害となり、二十三年度の園芸の受託販売額は前年比で約四割まで落ち込んだ。

福島県

県北農林事務所伊達農業普及所

本聞き書きの元となった調査は、平成二十七年八月二十八日に福島県県北農林事務所伊達農業普及所で行なわれた。調査者は粕谷和夫と行友弥で、調査協力者は二名。一人は四十代で、普及指導員としてのキャリア一四年。野菜特産担当、畑わさび出荷制限対策、園芸モニタリング担当。発災当時は郡山に勤務、平成二十三年六月から伊達農業普及所に勤務していた。もう一人は四十代で、普及指導員としてのキャリア六年。果樹担当。発災前年の四月から伊達農業普及所に勤務していた。

原発事故への対応がすべてのはじまり

東日本大震災では地震災害と津波災害そして原発事故災害、この三つに同時並行的な対応が求められた。なかでも原発事故災害は普及指導員にとってもはじめての経験であり、事故直後の対応は空間線量の測定から始められた。不慣れな専門用語、停電やガソリン不足、そして計測機器が整わないなか、調査が開始される。

……発災当時は郡山に勤務していました。地震は経験のない大きな揺れでしたが、建物の大規模な倒壊はありませんでした。続いて起きた原発事故への不安のほうが大きかったです。翌月に伊達農業普及所に異動するはずだったのですが二ヵ月延期され、そのまま郡山に勤務になりました。道路が寸断しガソリンも不足するなか、どうやって通勤するか悩みました。

……原発事故の情報収集という意味で最初に困ったのは「シーベルト」や「ベクレル」などの単位の意味がわからなかったことです。農家以外からもいろいろ質問されましたが、勉強不足で答えられませんでした。混乱のなかで新しい知識を習得するのは大変でした。

……農業現場の状況も把握する手段は限られていました。ガソリンがなく、すぐには車を使えなかった。情報が混乱し、断片的で不確かな情報しか入ってこなかったのです。原発の状況もマスコミ頼みで、何をすべきかわからなかったし、国や県の指示がないと動けなかった。

……当初は検査機器がほとんどありませんでした。最初に空間線量を測った機械は県庁から送られてきたと思います。郡山の県の出先機関にこの二台——それも他県より貸与されたもの——しかなく、市町村は持っていませんでした。しばらくはこの二台を二班に分けて郡山管内を中心に市町村役場を毎日二巡する日々が続きました。普及の仕事ではないのですが、大ぐくりな災害対応の一つとして農林部門の職員はそれを担っていました。

……貴重なガソリンを工面しながら毎日三〇〇㎞ぐらい走りました。測定地点は各市町村役場。時間がないので、測るとすぐに次の役場へ向かう。異動で郡山を離れるまで毎日、土日も交代でやりましたが、原発の状態が不安定で、毎日測らないと不安でした。データは国にも共有されていたはずです。

……測定機器には「S県」と書かれていました。県も全国から検査機器をかき集めていたようです。作物に含まれる放射性物質を測る機器もありませんでした。現在は郡山の福島県農業総合センターにゲルマニウム半導体検出器が一〇台配置されています。その後、市町村などにも機器が配備されていきました。

……放射線量は原発から四〇㎞離れた飯舘村あたりまで非常に高く、隣接する当管内も基準値を超える米が出て悪い意味で有名になりました。普通は西風が吹くので、放射性物質がこちらに流れてくるとは思っていなかったのです。この地区は最初、空間線量が高く出ました。

原発事故後の四月二十二日に村内全域が計画的非難区域になる飯舘村は相双農林事務所管内にある。相双農林事務所が避難者受け入れなどで混乱するなか、飯舘村には伊達農業普及所から三月十八日にサンプリング調査に出向いた。放射線量や放射性物質のリスクについてもよくわからないなかでの作業であったという。

……原発事故による避難指示の範囲が広がるなか、相双農林事務所は避難者の受け入れなどで混乱していました。そこで、農業関係の業務は伊達農業普及所がカバーしたのです。記録によると、三月十八日夜に当時の所長に県庁から電話で指示があり、飯舘村の二ヵ所へ葉物野菜と牧草のサンプリングに出向いていますが、茨城の作物が危ないという報道がきっかけだったと思います。サンプリングした作物はいったん本庁に持ち込みましたが、当時はまだ郡山の農業総合センターにも検査機器がなく、それをまた県が関東方面の分析機関に送って検査していたようです。

……国の避難指示はまだ出ていなかったのですが、飯舘村長が独自判断でバスを仕立て、村民避難の準備をしている状況でした。畜産農家は「自分は牛がいるので逃げられないが、家族は避難させる」と言っていました。そんな話をしながら、牧草や野菜を採取したのです。放射線量や放射性物質のリスクについてもよくわからず、渡されたタイベック（防護服）は着ずに作業していました。

……たまたま通りかかった農家の自家消費用の畑でサンプリングしました。家人に許可を得ようと思ったのですが留守で、隣家に尋ねると「親戚のところへ行ったらしい」と言われたので、連絡先を教わり、電話で許可を得ました。

……伊達管内でも三月中からサンプリングを始めています。ニラ、シュンギク、イチゴ、ホウレンソウなどが生産されている時期でした。飯舘村で高い数値が出たので危機感は強かったです。葉物野菜はすぐに出荷が停止されました。

……その後、伊達方面への避難が日に日に増加していきます。県による避難者支援の一環として普及指導員も避難所に泊り込み、避難所の運営や避難者への支援活動に当たりました。自分の寝袋と食料を持参。事務所のソファーなどで寝るしかありませんでした。そんな状態が八月いっぱいぐらいまで続いたと思います。

……メモを見ると三月二十二日にはすでに出荷制限の対応をし、四月四日には春キャベツ、ニラ、オオバなどのモニタリングをやっています。モニタリングについては余所ではもっと前から始まっていたと思います。

……伊達地方の主力は果樹。出荷が早いのはサクランボやスモモで六月ごろ。まずは枝をもらってきて、枝を砕いて測定しました。測定機器はガイガーカウンター程度の簡易なもの。ただ、当時は計器が示す数値が高いのか低いのか判断できる知識もありませんでした。

関係機関との連携のもと整備される検査体制

時間の経過とともに測定体制は整備・強化されていく。農産物のモニタリング等は正式な業務として位置づけられ、検査結果は県のホームページなどを通じて公表される体制も整っていった。検査と結果の公表は今でも続いているが、出荷が自粛されている品目はいまだにある。

……時間がたつにつれて国の支援態勢も強化されていきます。研究機関と県の試験場が協力し、普及がサンプリングの実務を担当、そして農協は協力農家の選定や現地への案内役を担いました。市町村は農政部門の職員が少ないので、一般市民の安全を優先していたと思います。

……検査は今も続けていますが、出荷自粛品目として「あんぽ柿」（特産の干し柿）が残っています。県からの加工自粛要請というかたちです。産地は比較的山間部で、あんぽ柿に加工できるレベルまで下がり切っていない。農林水産省の協力も得ながら調査解析を進めています。

……あんぽ柿については検査結果を地図に落として視覚化する作業もしました。地理的傾向をつかむ必要があったのです。後は普及以外の機関が空間線量を測ったり、農協が土壌の放射性物質を測定したりしていました。最初のころは普及でも水田の土壌採取をやっています。

……自粛が続いている作物には畑わさびもあります。畑で栽培するワサビなのですが、花茎の部分を食べる食文化があるのです。山間部の畑で栽培するので、除染されていない山林の影響を強く受けます。

……ギンナン、ユズ、クリなども出荷を再開できていません。クリやギンナンなどは野生のものを拾って出してくる恐れがあります。栽培されたものを検査しても、拾ったものが紛れ込んで高い数値が出ると、地元産品全体のイメージダウンにつながりますから。全体としては汚染の原因などもわかってきたので、ひところに比べると安心感をもてるようにはなってきましたが、モニタリング検査の必要性は高いと思います。

……今ではサンプリングは普及の正式業務として位置付けられ、普及課題の一つにもなっています。業務として大きなウエイトを占めています。

……大変だったのは、県が米の安全宣言を出した後F市O地区で基準値を超える米が出てしまったことです。その直後から水田の土壌測定が始まり、吹雪の日も方々の水田で土を採取しました。どこへ行くかは作物担当が決め、我々は実動部隊として指示どおりに動きました。

……園芸については検査結果は県庁から速報でファクスが来ます。とりあえず、自分たちがサンプリングした分については点数などを確認し、内容を確認します。そのうえで県のホームページに掲載され、マスコミなどにも公表されるのです。地元紙には一覧表で全部載っています。高い数値が出た場合は、原因究明に努めています。

……当時は「あれっ」と思うようなやや高い数値がポンと出ることがありました。そういう時は大雨で山の水が大量に流れ込んだためではないかなど原因を調べたうえで説明しなくてはなりません。そうしないといたずらに不安を高めることになります。

……「福島は危ないからもう住めない」など根拠のないことを言って不安をあおる学者や有識者もいました。誰の言うことを信じたらいいのかわからない不安はありましたね。

不安の渦中にある農家にどう寄り添うか

原発事故のなか農家の不安は極度に高まる。作ってよいのか、作っても売れるのか、ニュースでとびかう「シーベルト」「ベクレル」とは何なのか…。科学的な知識を伝えることで不安を取り除くことにつとめるが、それでも納得されない場合もある。だからこそ大切にされたのが「農家の声を聞くこと」であった。

……農家は将来が見えず、不安でいっぱいでした。農作物を出荷できるかどうかもわからない状況でしたから。我々自身も正確な情報が得られず、知識が足りなかった。「行政なのだから答えをもっているだろう」という農家の期待に十分に応えることができませんでした。

……かかってくる問い合わせの電話は、ほとんどがシーベルトやベクレルといった単位や数値の意味に関する質問。自分も少しずつ勉強して「電球にたとえて、大きな電球と豆電球を比べると、大きな電球のほうが強い光（ベクレルが高い）、一方、豆電球は一個であれば光は弱い（ベクレルが低い）、とイメージしてください。でも、豆電球をたくさん点ければ、暗い部屋は隅々まで明るくなります。部屋の隅で明るさを測れば、大きな電球一個よりも、豆電球をたくさん点けたほうが明るくなることもあるのです。受けた光の明るさが、シーベルトだと考えてください。つまり、シーベルトは、放射能の影響のような単位です。このように、たとえベクレルの比較的高いものを食べても、少量であれば影響が少ないし、逆にベクレルの低いものでも大量に食べれば影響が大きくなることがある、と私はそのように理解しています」というように、かんで含めるように説明しました。「あんたの話が一番良くわかったよ」と言ってくれる農家もいました。電話してくる方はかなり切羽詰まっているわけです。不十分ながら、少しはその不安を取り除いてあげられたのかと思うとほっとしたことを覚えています。

……「作付けして大丈夫か」「作っても売れるのか」といった問い合わせもありました。今も簡単には答えられませんが、科学的根拠に基づいたことを言うしかありません。時々変な検査結果が出るときがあったのですが、よく話を聞いてみるとカリ肥料をまかなかったとか、何かしら理由があります。

……原発事故直後は、放射能が怖いという意識もあまりなかったのです。風は海の方へ流れ、こっちには来ないと思っていましたから。テレビなどで報道されても「本当にそうか？」という感じでした。放射線量の分布図を見ても、健康被害などはイメージできませんでした。作物で暫定基準値五〇〇ベクレルに対して一万数千ベクレルという数字が出て、出荷制限などが発令されてから一気に危機感が高まったのです。

……人によって感じ方は違うので、恐怖感から現地に行くのを嫌がる人もいたと聞いています。上司が慎重な判断をし、若手に行かせなかったというところもあったようです。自分はある程度、覚悟したこともありました。子供を首都圏に避難させましたが、皆がいる間は自分も頑張ろうと思いました。

……飯舘村にサンプリングに行く時、防護服を渡されたのですが着なかったですね。必要性を感じなかったからなのですが、まだ村民がいるのに、我々県側の人間だけがマスクや防護服を着用していたら不安をあおることになりますから。

……米の放射性物質が基準値を超えた地区の農家は相当なストレスを抱えていました。落ち込み、平常心を失っていました。地区の一部だけが特定避難勧奨地点に指定され、集落が分断されたところもあります。隣人は賠償されるのに、自分は何も出ないという違いから人間関係が壊れ、地域コミュニティもバラバラになってしまいました。

……今まで仲良く暮らしていた住民同士が話もできなくなったのです。「あんたはカネをもらっていいよな」という露骨なやっかみの言葉も聞きました。住民同士が反目していると我々にとってもストレスになるのですが、「ここで集落営農は無理だな」と正直思ったこともあります。

……そういう農家の憤まんを直接ぶつけられたこともあります。米の栽培方法などを聴き取りに行ったのに「お前ら、どうしてくれるんだ」といった話を延々と聞かされました。黙って聞くしかなかったです…。

……国や東電への怒りを農家からぶつけられることもあります。そういう時は聞き役になるしかない。言っても仕方がないのは農家もわかっている。我々も事実に基づいて冷静に回答するしかないのです。

……農家と同じ怒りを共有し、農家の思いに寄り添う部分もありました。「そうだよね」というように相槌を打ってあげることも必要です。農家も誰かに肯定してほしいという気持ちがあるのですから。

施設園芸を中心にした農業復興

農業の復興は施設園芸を中心になされていく。それは放射能・風評被害対策をめざしてであるが、同時に品質向上や生産の安定、そして新規就農機会をふやすことも目標にされていた。また果樹では改植も積極的に進められているという。

……地元農協が施設園芸に積極的に取り組み、独自助成によるキュウリ、アスパラガスなどの施設栽培が急増しています。ハウス栽培は放射能・風評被害対策のイメージもあるので、農協もそれを意識しているのでしょう。

……施設園芸は品質向上や生産の安定につながることも、採算性のいい施設野菜へのテコ入れが加速した理由だと思います。栽培技術の指導は普及指導員が主役になっています。

……果樹は樹体から果実への放射性物質移動が明らかとなっているため、改植が積極的に進められていますが、高齢者を中心に離農の話もまれに耳にします。

……施設園芸でお手本ができれば、品目転換の受け皿になるわけです。普及も以前から施設園芸の有利性を認識し、普及計画や県単独事業に施設化を盛り込んでいました。今は農協の本気度が高まり、我々ともスクラムを組んで一気に進んでいる状況で、毎年二haぐらいずつ施設園芸が増えています。

……施設園芸の振興は新規就農にもつながります。農協が主体になって新規就農者をサポートしています。モモとキュウリに関しては農協が「農業塾」を開いて経験の浅い人の技術習得を支援し、認定就農者（青年就農給付金）制度を活用した参入のほか、定年帰農者もいます。

震災以降は一時落ち込みましたが、最近は新規参入の話を聞く機会が増えた気がします。
……「こうすればやっていける」というモデルを作らないと、既存の農家も含め、自信をもてません。金のかかる革新的な経営形態より、個人経営レベルで稼げるモデルを作っていかなければならないと思っています。

研究機関との連携で進められた放射性物質対策

放射性物質対策は通常の農業技術とは異なる。そこで力を発揮したのが研究機関との連携である。果樹の樹体洗浄、土壌の耕耘や施肥改善、被覆資材を使用する場合の放射性物質の付着への注意など、さまざまな対策が研究機関との連携のもとにとられていった。

……放射性物質対策は我々普及の人間だけでは対応できない。研究機関等との連携が欠かせません。研究成果を受け、吸収抑制対策などを農家側に伝えていくのが普及の役割です。関係機関と情報を共有し、濃密に連携しながら資金面や作業者、資材の調達なども含めて取り組むことが重要になります。

……震災の年の冬に果樹の樹体洗浄を実施しました。樹木の種類によって性質が違うので、樹皮をはぐのか、洗うだけでいいか、どういう機械を使うか、どのくらいの強さで洗えばいいか――そういう情報を普及が農家に伝えたのです。研究機関が作ったマニュアルを現場に徹底していきました。

……当時、カキ、モモ、リンゴ、ブドウなど伊達管内には五〇万本の果樹があったのですが、農家がチームを組んで、それらを三ヵ月ほどかけて洗浄などを行ないました。カキなどは斜面に植えられていることが多いのですが、そういうところも漏らさずに除染しました。

……洗浄前後にそれぞれ放射線量を測定し、翌年のモニタリングでも一定の傾向を確認しています。残念ながら一部地域のカキについては十分に線量が下がりませんでした。あんぽ柿の場合は乾燥させるので、わずかな量でも高く出やすいという問題があります。ユズ、クリなども下がりにくいです。

……そういうところは除染ではなく経年減衰（自然減衰）を待つことになります。野菜や米は耕して薄め、ゼオライトやカリをまいて吸収を抑える。一方、果樹園については土壌表面を耕す農家は少なくなりました。根域が深いところにあるため、表土五㎝程度に放射性物質の大半が残っているうちは影響が少ないと推察されるからです。表土に蓄積されたままのほうが将来的に効率的な除染が可能との考えもありました。だから、当初から動かさない（耕さない）ようにしていたのです。

……地表の放射性物質が一㎝、二㎝と沈降しつつあるというデータもあります。そうなると五㎝、一〇㎝と根域に達した時に根からの吸収が増大する可能性があるわけです。また、樹木の場合は樹体に栄養をためる性質があるので、一度入ってしまうと循環することになります。ただ、根からの吸収、いわゆる作物への移行率は千分の一、一万分の一のレベルとされるので、それよりは表面積が圧倒的に大きい樹体からの吸収が当面は問題になるとみています。

……ただ、今後は沈降した放射性物質が根から吸われることも想定しなければいけません。千分の一、万分の一でも吸収されることに変わりはありませんから。今がＮＤ（不検出）でも将来、何ベクレルか出るかもしれない。そうならないよう調査だけでなく事前の対策も必要なのですが、現状では具体的な方策がありません。

……野菜については耕耘や施肥などの対策につとめた結果ほぼND。畑わさびだけは山林内での栽培が多いこともあり、山の放射能の影響を受けてしまいます。高温で枯れてしまうかもしれませんが、山から平地に下ろして遮光栽培ができないか、試験研究機関と連携して実証を始めたところです。

……春先に不織布を葉物野菜などの上にかぶせる「ベタガケ」に注意しています。保温効果によって早出しでき、生育も良くなるので人気のあるやり方ですが、汚染された資材を使うと作物が葉から放射性物質を吸収します。そういうケースがあり、慌てて周知しました。サクランボもビニールで屋根をかけますが、屋内にしまってあったビニール資材も測ってみると数値が高い。汚染の疑われるものも更新するよう指導しました。

上／放射性物質除去のための樹体洗浄の実演
中／放射性物質の吸収抑制を目指した珪酸カリとゼオライトの共同散布（平成27年）
下／非破壊検査機器によるあんぽ柿の検査

風評被害に耐える

原発事故から四年半が経過したいま、農作物の放射性物質濃度が基準値を超えることはきわめて稀になっている。だが、一度下がった単価はなかなか元に戻らない。放射性物質対策と検査を継続しその結果を伝える…。できることが限られていることは承知しているが、普及の現場にはもどかしさもある。

……果樹の生産量は震災前と同レベルまで戻りましたが、販売額は下がったまま。要するに単価が下がっているのです。過去の単価との差額を風評被害として請求しているのですが、震災直後から賠償の仕組みができ、それに基づいて請求しています。

……普及は被害額の算定にかかわりません。東電との交渉はすべて農協と県農協中央会に一本化されています。民間対民間の話なので、行政が直接関与しないことになっています。

……普及が取り組める風評被害対策は限られています。検査を実施し、その結果を伝えること。キャンペーン的なことは別の専門部署や農業団体、商工団体が主体的に実施しています。

……具体的な根拠を示して説明し、農家の不安を除くのも普及の役割です。農家自身が自信をもたなければ、風評被害対策も効果が上がりません。果物の場合は宅配便などで直売している分も多いので、消費者に「こういうデータがあり、こういう対策を取っているから安全です」と具体的に説明できるように仕向けることが大事です。震災の年は、産直の注文を農家自身が断った例もあるようです。実際には基準値を超えるものは出なかったのですが。

……モモの場合、震災の年は直売ができなくなって農協に出荷が集中しました。それで市場価格が下がった面もあります。もちろん風評被害もありました。価格は絶対的な水準では震災前に近づいていても、他産地との差が開いたまま。これは確かに風評被害だと思います。

……ただ、どこまでが風評被害なのか見極めるのは難しい。あんぽ柿は過去二年、試行的に出荷していますが、福島という大産地の生産が減ると、他産地に置き換えられていくわけです。昨年、一昨年は震災前並みの価格で扱われましたが、他産地のほうが高くなりました。震災前の水準と言っても「他の産地が倍の値段で売っているのに」という思いが農家にはあります。

農政事務所からの支援や普及所間の協力

福島県では、とくにサンプリング検査に多くの人員が必要になった。そこで行なわれたのは、国の農政事務所からの支援や普及所間での協力である。

……普及に関して人的支援はあまりありませんでした。農地整備関係では来ていたようですが。一時的に農政事務所（国）から職員が来てくれました。米の検査で手が足りなくなったのです。毎日三～五人ぐらい来てくれたと思います。農家の自家用米も含めて五〇〇グラムずつ全部のサンプルを集めてきました。聴き取りも行ないました。全袋検査は二十四年からですが、二十三年は特定の地域を集中的に調べました。基準値を超える米が出た地区では全戸調査したのです。

……普及職員自身が避難先で勤務する「兼務地勤務」はありました。モニタリングなどを手伝ってもらいました。また、普及所同士で手伝うこともありましたね。自分の場合は、他の普及所管内である二本松へ牛糞たい肥のサンプリング検査を手伝いに行きました。伊達には畜産農家が少ないのですが、二本松は多い。担当者一人では無理なので応援に行ったのです。本庁の指示ではなく、事務所同士の連携としてやったと思います。

危機のなかでつかんだ「普及」の意味

震災から四年半が経過した。復興はいまだ道半ばではあるが、さまざまな取組みと経験を通じて「普及とは何か」についての認識は確実に深まっている。仲間に支えられての普及、地域とともにある普及、地域を支える普及など。それは、普及組織は地域にとってなくてはならない存在だという確信にもつながっている。

……何もわからない状態から始まって、どうやって今日を迎えられたのかわかりません。ここまでやってこられたのは仲間や家族のおかげだと思います。一人では耐えられませんでした。職場にチームワークがあったのが救いでした。

……やはり事務所の仲間が一番の精神的な支えでした。本庁や農協とも気持ちを一つにできればよいのですが、混乱した状況でケンカ腰の対応にならざるを得ない部分もありました。連携がうまくいかなくてイライラしている時に支えてくれたのは同じ事務所の仲間です。

……普及指導員にも個人の生活があり、家族がいる。仕事を続けること自体が大きな決断でした。小さい子供を抱え、家族を守ることと職務とのジレンマに悩んだ職員もいました。双葉に勤務し、あるいは住んでいた普及指導員はみなこちらの方へ避難してきました。家族の避難と自分の職務の間で厳しい選択を迫られた人も多かったと思います。我々は農家の立場に立つことが求められるわけですが、必ずしもそうできなかったこともあったと思います。それは一人一人の選択ではあったわけですが、そのことで職員同士の摩擦もなかったわけではありません。

……農村コミュニティの力が発揮された面もありましたね。農家は発電機を持っていたり、水の入手方法を知っていたりするので、そういう面で地域に貢献していた部分も相当あったと思います。たとえば、業務用製氷機の氷が解けた水を飲料水として分けたという話も聞きました。農家には消防団員も多く、消防車で配水に協力していました。地元に根ざす農家だからこそ貢献できた部分も多かったのではないでしょうか。

……普段は「何をやっているのかよくわからない組織」などと言われ、先輩たちも普及組織の評価について悩んできたわけです。ですが、この震災を機にやはりなくしてはいけない組織であると再認識しました。普及組織はこういう大災害時に地域を支える大きな存在だと思います。当たり前のものが当たり前に機能していることの大事さを感じました。作物のモニタリングなど地味な作業を四苦八苦してやっていますが、社会貢献と思って今後もやっていきたい。今も平常時ではなく、有事という認識で職務に当たっています。

……普及組織には「縁の下の力持ち」という部分があると思うのです。中長期的な目標や計画を立ててやっている半面、その時々の判断で臨機応変に動く気風もあります。地域の変化に合わせて活動しているので、いざという時も判断力が発揮できるのではないでしょうか。上からの命令を待つのではなく、自主的に動ける組織だと思います。

福島県　県北農林事務所伊達農業普及所

農業生産等の状況……県北農林事務所伊達農業普及所は、福島県伊達市の福島県伊達合同庁舎内に事務所があり、所員一四名で伊達市、桑折町および国見町の一市二町を管轄区域としている。管内は福島県の北部に位置し、西部を阿武隈川が南北に流れ、福島盆地北部の平坦部と阿武隈高地の中山間部が連なる地域である。春は日照時間が多く、夏は盆地特有の猛暑となる一方、冬は積雪が少ないために温暖な盆地型の気候である。

経営耕地面積の四三%が水田で、樹園地が三七%、畑が二一%と、水田よりも果樹と野菜等の合計面積のほうが多い、モモ、あんぽ柿等の果実やキュウリ、アスパラガス等の野菜生産が広がる園芸地帯である（二〇一五年農林業センサス）。

被災の概要とその後の状況……東京電力福島第一原子力発電所において、津波による施設内電源の喪失に起因する事故が発生し、大量の放射性物質が施設外に放出された。災害発生直後の住民の安全確保への対応と併行して、被害実態の把握に努め、農地や農業関連施設等の復旧や除染、緊急時環境モニタリングなどの農産物の安全性確保や農業の再生の取組みが行なわれた。

本聞き書きのための調査が行なわれた時期は、原発事故から四年半が経過していたが、一部の農産物では未だに出荷等の制限が解除されていない状況であった。また、水稲、野菜、果樹、畜産等の農畜産物は、現在も風評被害が続いている。

農業生産の新たな動き……現在福島県では、農畜産物の放射性物質濃度を逐一計測するモニタリング体制が確立し（そのなかで普及組織は、検査する試料の選定、農業者等への依頼、試料の採取、検査前の試料の調製などの役割を担っている）、農地除染の実施、果樹の樹体洗浄や粗皮削りの徹底、放射性物質の吸収抑制対策の推進、さらにはすべての米を対象にした全量全袋検査体制の確立等により、安全・安心な農畜産物の生産が行なわれている。

伊達地域はモモの一大産地である。伊達地域のモモの全面積九五〇haについて高圧水による樹体洗浄が実施されるとともに、震災前から発生のあった難防除病害であるせん孔細菌病対策を強化し、モモ産地としての復興が進められている。

また、伊達地域特産あんぽ柿については、放射性物質の影響により、平成二十三、二十四年の二年間、加工自粛とされたが、放射性物質濃縮の機序の解明に基づく、粗皮削りや樹体表面のコケ類除去とともに樹体洗浄の徹底（平成二十三年の厳寒期に二五万本の樹体洗浄が行なわれた）等により、平成二十五年には一部地域で三年ぶりに出荷再開を果たし、平成二十七年には伊達地域全域（一部の小字の区域を除く）に拡大している。

福島県

相双農林事務所農業振興普及部

本聞き書きの元となった調査は、平成二十七年八月二十七日に福島県相双農林事務所農業振興事業部で行なわれた。調査者は粕谷和夫と行友弥で、調査協力者は三名。一人が五十代で普及指導員としてのキャリアは二一年。相双農林事務所には在勤六年目（発災当時も当地に勤務）。専門は野菜特産。二人目が三十代でキャリア七年。発災当時はいわき農林事務所に勤務。平成二十五年四月から相双農林事務所。そして三人目が四十代でキャリア一七年。畜産担当。平成二十二年から相双農林事務所双葉農業普及所に転勤し震災に遭遇、平成二十三年度同農業振興普及部勤務となる。

安否確認のなか高まる原発事故への危機感

相双農林事務所は太平洋に流れ込む新田川の河口から数㎞ほど上流にある。当日、事務所では大豆の担い手を集めて会議が開かれていた。地震直後から職員や農家の安否確認をすすめるが、沿岸部は津波警報そして立ち入り禁止区域もあり、被害の状況はなかなか知ることができなかったという。

……震災発生当日、最初にやったのは職員の安否確認です。携帯電話などで可能な限り連絡するなどして、無事を確認しました。庁舎内にいた者は駐車場に集まって待機した後、家族の安否確認のため上司の判断で一六時ごろ帰宅させていますが、職場の近くに住む職員のなかには残って情報収集に当たった者もいました。翌日からは市町村や農協から被害状況を聴き取り、津波報告を受けた現地にも出向いています。

……携帯電話番号のわかる農家には手分けして電話をかけ、安否や所在を確認しています。農家も安心し、連絡は重要だと思いました。固定電話は使えなかったです。聴き取った内容

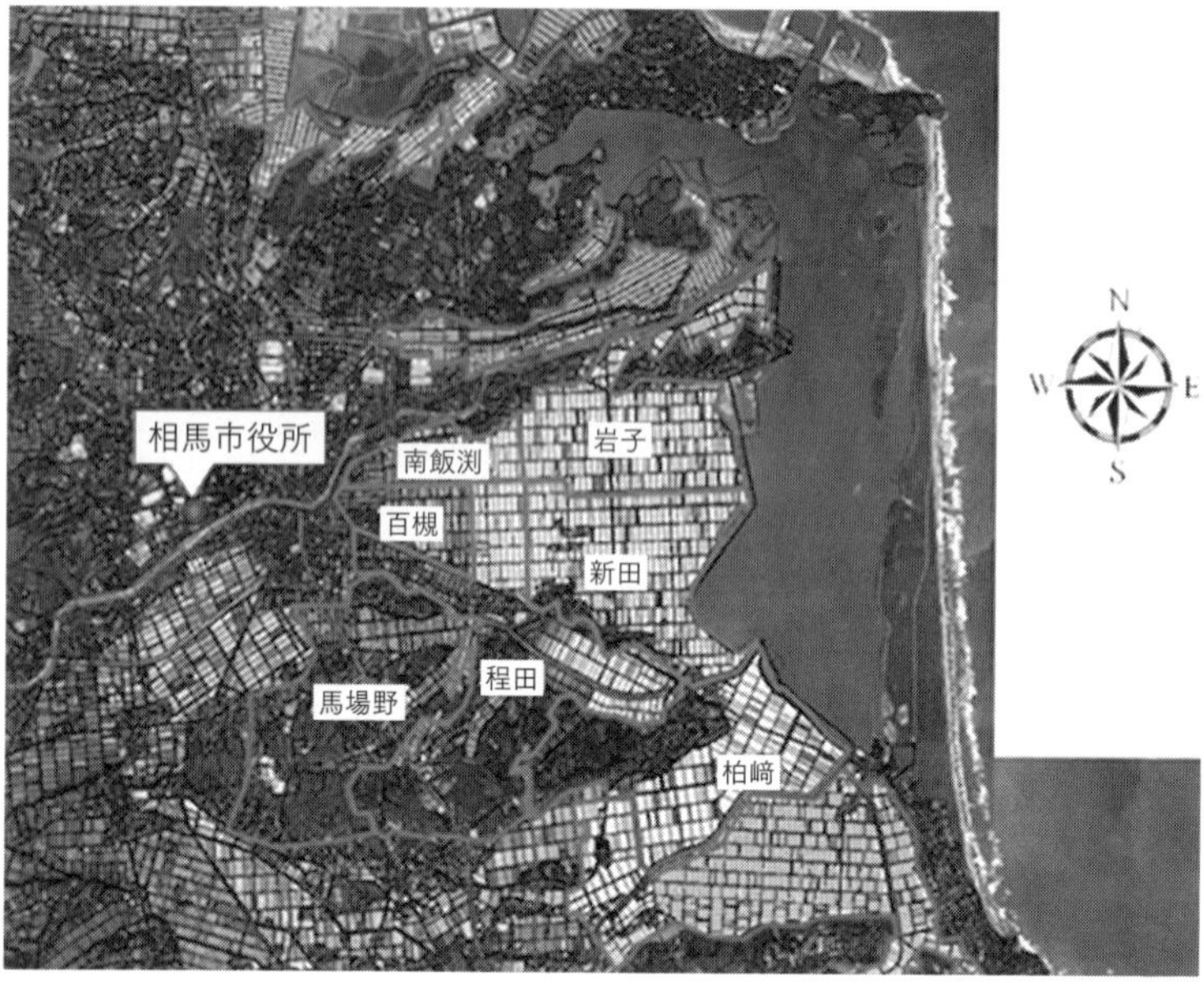

津波による浸水地域（相馬市飯豊地区）

を一覧表にし、所内で情報を共有するようにしました。

……当日は大豆の担い手を集めて会議を開いていたのです。いったん屋外へ避難して参加者の安否を確認したうえで参加者を帰宅させました。津波警報が出て海岸には近づけず、外へ出ていた職員も戻ってきましたが、「動かないほうがいい」という上層部の判断で庁舎に一時待機したのです。

……本格的な被害調査は翌日から着手されました。市や農協と連携し、方面ごとに班分けして被害状況の把握に努めました。農協倉庫の屋根の崩落、農家の重油タンクの倒壊といった被害が次第に判明しますが、沿岸部の津波被害は甚大で、ただ見ていることしかできませんでした。

……沿岸部は津波警報が解除された三月中旬ごろから、立ち入り可能な津波被災水田から土壌塩分濃度を調査しました。除塩に取り組んだのは三月下旬から四月初旬にかけてです。過去の知見を元に炭酸カルシウムを入れ、代かきをする方法で除塩しました。

……状況を最も詳しく把握しているのは現地の農協です。市町村の担当職員とともに農協の営農センターを回りました。震災直後は道路事情も悪くガソリンも不足していたので一台の車に便乗したほうがいいという事情もあったのです。消防などの検問を通してもらううえでも、そのほうが便利でした。

……地震についてはあまり目立った被害はありませんでした。津波被災地はガレキが散乱するなどして、消防が立ち入り禁止にしているところもあったため、被害状況は推測に頼る部分も多かったです。

……農協の営農指導員も一緒に被害を調査しました。農協が一番気にしていたのは田植えを一ヵ月待てと言われた場合、どれぐらい影響が出るか、出穂や収穫がどの程度遅れるのかといったことです。私は震災当時いわき農林事務所に勤務していましたが、いわきの場合は断水した地域があったので、水道水も使えず、農業用水はどうしたらいいのかといった相談を受けました。津波をかぶった水田の除塩対策については農協からも農家からも聞かれました。

地震発生当日の夜、原子力緊急事態宣言が発表される。三月十二日一七時三九分、一〇km圏避難指示。三月十二日一八時二五分、二〇km圏避難指示。三月十五日一一時、二〇~三〇km圏避難指示（相双農林事務所農業振興普及部も圏内）と避難指示の範囲が広がるなか、原発事故への危機感が高まっていった。

……原発事故への危機感が高まったのは三月十二、十三日から。三月十五日に屋内退避の指示が出たと記憶しています。それまではよくわからなかったというのが実感です。

……県が営農に関する情報を農家へ向けて最初に発信したのは平成二十三年三月二十五日の「農家の皆様へ」という文書です。農作業の延期と生産記録の記帳（損害賠償に備えて）を勧告しています。同日付けで「農業技術情報」第一報。第二報、第三報と版を重ねました。第一報で当面は土をいじらないよう指示を出しています。三〇km圏外を含め南相馬市の住民はほとんど避難していたので、対象は相馬市や新地町です。

……農家向けの通知は県のホームページに載りますが、避難先の農家に伝える手立てがないわけです。農家から電話で問い合わせがあれば説明するようにしました。

……私自身放射能に関する知識がなく、インターネットなどで情報を収集しました。本庁の詳しい人に聴き、研究機関の論文などを読んで、土壌中のカリウム分が少ないと作物がセシウムを吸いやすいといった知識を得ました。それを逆に本庁にも伝えています。農家とのやり取りはすべて記録しました。

……私は畜産担当だったのですが、二〇km圏内の生産者は避難していたので、対象者は限られていました。車で二時間ぐらいかけて情報文書を届けに行っています。農家は高齢者が多いので拡大コピーして手渡ししました。対象者が少ないからできたのだと思います。川内村を中心に二〇軒ほど回りました。

……浪江町の場合、二〇～三〇km圏の牛は当初から移動制限がかかりました。殺処分の方向も出ましたが、川俣町と飯舘村は後から避難地域となったため、その前に移動させようと国も一緒に取り組んだのです。地域によって対応が違うことに農家は憤慨しました。

……三月中旬までは原発事故に関する正確な情報がありませんでした。汚染の程度もわからない。三月二十日ごろ、飯舘村でインゲンなどの野菜類の作付けについて農家を集めて会議をやった記憶があります。その時点では飯舘村の線量が高いという認識はなかったのです。作付け制限はかなり遅れて四月二十二日に出ました。

……集めた情報は職場のパソコンに共有フォルダを作って、関連情報もあわせてすべてそこに入れるようにしました。普及所内では口頭での情報交換も行なっています。

……自分の担当区域は原発から二〇km圏内なので誰もいない状態でした。被害状況は過去のデータから推計するしかありません。津波被害も空撮写真から被害面積を推定し、牛の飼養頭数一頭あたりいくらと計算しました。現地調査できる状況ではなかったのです。

……いわき市内の農協や市役所と連携して農地の土壌を測り、放射線量マップを作成しています。そのために関係機関でかわるがわる土壌サンプルの採取をしました。南相馬市は市としてマップを作っていたので、その情報提供を受けました。結果は圃場までは特定できないものの、二kmメッシュ単位で農家にも伝えました。米については津波被災地区の営農再開状況を地図に落とす作業を継続しています。

……震災直後は、職員自身も被災者となったため、双葉など避難指示区域の職員には避難先の地域で勤務せよとの辞令が出ました。四月一日付けで異動となった職員も配属先に着任できず、避難先で勤務していたケースもあります。

原発事故直後、農業振興普及部の管轄地域に隣接する双葉郡六町二村を担当する双葉農業普及所がいわき市に機能を移す。双葉農業普及所では避難した生産者の状況を聞き、今後の意向確認を行なった。最初のころは避難先まで訪ねていくこともあったという。

……原発事故直後、双葉農業普及所が富岡町からいわき市に機能を移し、双葉地方からいわき市、郡山市、二本松市方面に避難した農家の状況を聞いていました。今後どうしたいかという意向確認をしたのです。毎日、二人組で出かけて仮設の役場に農家を集め、聴き取りを行ないました。最初のころは避難先まで訪ねていくこともありました。

……意向調査は震災後から実施しています。相双農林事務所管内では飯舘村が対象です。避難先でハウスを建てるなどして営農再開している人は年一回訪問し、営農状況と帰村の意向を聞くことになっています。

……双葉町は認定農業者などに郵送して返信してもらう方式を取っています。中通り方面に避難している人については、地元普及所の職員と一緒に年一回行くようにしています。

……避難先に家を建ててしまった人が帰村するかどうかは微妙です。復興事業でパイプハウスを建てれば耐用年数期間中は継続使用しなければいけないですし。

……飯舘村役場でも意向調査をしていて、帰村の意思がある人の一覧表を作り、帰村希望者への支援を進めています。

……避難先で営農再開した人への指導は、基本的には現地の普及指導員が行ないますが、年に一回は意向確認をしてきました。現地の普及指導員に相談できず、こちらに連絡してくる農家もいますから。その場合は現地の普及指導員に連絡を取って対応してもらうようにしています。農家は顔見知りでないと相談しづらいのですが、こちらから行くのも難しいので。

……普及指導員も異動があり継続的対応には限界もあるかもしれません。ですが、帰還時に備えてつながりを維持しなければいけませんのでデータベース化してフォローしています。県外避難者への対応は無理ですが、県内なら会津若松市あたりまで行ったことがあります。向こうから相談に来られたこともありますし。

農家の不安と怒りに向き合う

原発事故で避難せざるをえなかった農家、家畜を置き去りにするしかなかった農家、一方で避難しなかった農家もいる。どのような選択であれ将来に大きな不安を抱えていたことにかわりはない。とともに、原発事故への怒りはこの地域ではとりわけ強かった。そうしたなかで普及指導員は農家とどう向き合ったのか。

……農家の不安は大きいのですが、質問されても明確に答えられないことが多いわけです。「うちの土は大丈夫か」とか聞かれても、個別に測定することもできませんから。他の畜産農家が一人また一人と避難していくなかで、残った人は不安を募らせている。話し相手になることが大切だと感じました。

……避難した人もしなかった人も不安を抱えていたのです。補償問題についても聞かれましたが、「作付け制限がかかったら賠償が出るのではないか」というようなことを答えた記憶があります。避難者からは「いま現地はどんな状況か」と聞かれることもあります。なるべく詳細な情報を提供するようにしているのですが…。

……いわき市の方では、避難者の中にも営農する人としない人がいましたが、なるべく話を聞き、答えられることには答えるよう努めました。作付けする場合はどのようなスケジュールでやったらよいのかなどの相談に応じています。震災直後は「本当に作っていいのか、作っても売れるのか」と聞かれて困りました。飼料用米を推進していたので、それで行こうという話をしましたが、認定農業者のフォローアップ調査でもいろいろな話を聞きました。

……最初は東電に対する怨嗟の声をよく聞かされました。農家も怒りのやり場がなく、普及指導員がその受け皿になったのです。「黙っていられない。東電の前で座り込みする」などと意気込む農家もいました。農家の怒りを受け止めるのはつらかったです。

……原発から二〇km圏内に牛を置いてきた農家に「あの牛は見捨てろというのか」と聞かれ「そうです」としか言えないのがつらかった。相手は黙って電話を切り、話し相手にもなれなかった。「牛を避難させたい」と言われ、県農業総合センター畜産研究所に問い合わせたが「防疫上、認められない」という回答で、仕方なかったのです。一方、牛を避難させることができた地域もあり、差がついたことが農家の不満につながりました。自分がうらまれて農家の気持ちが晴れるならそれでいいと思いました。

……聞かれて答えられないことも多いが、農家の話を聞いてあげるだけでも大事だと思います。農家は怒りのはけ口がほしいので、仕方ないと割り切っていました。農協の営農指導員のほうが農家に近い分だけつらかったのではないでしょうか。営農指導員から「農家の疑問や不満にどう答えたらいいか」と聞かれたこともあるのですが、ある程度は聞き流してストレスを回避していた部分もあります。農協なども同じ状況だったので「大変なのは自分だけではない」と思い、それが救いになった部分もありました。一番大きなストレスを感じているのは農家です。だから、自分も耐えるしかなかった。

お買上げの本

■ ご購入いただいた書店（　　　　　　　　　　書 店）

●本書についてご感想など

●今後の出版物についてのご希望など

この本をお求めの動機	広告を見て（紙・誌名）	書店で見て	書評を見て（紙・誌名）	出版ダイジェストを見て	知人・先生のすすめで	図書館で見て

◇ 新規注文書 ◇　　郵送ご希望の場合、送料をご負担いただきます。

購入希望の図書がありましたら、下記へご記入下さい。お支払いは郵便振替でお願いします。

（書名）	（定価）¥	（部数）　部
（書名）	（定価）¥	（部数）　部

郵便はがき

おそれいりますが切手をはってお出し下さい

1078668

(受取人)
東京都港区
赤坂郵便局
私書箱第十五号

農文協
読者カード係 行

http://www.ruralnet.or.jp/

◎ このカードは当会の今後の刊行計画及び、新刊等の案内に役だたせていただきたいと思います。 はじめての方は○印を（ ）

ご住所	（〒 − ） TEL： FAX：
お名前	男・女 歳
E-mail：	
ご職業	公務員・会社員・自営業・自由業・主婦・農漁業・教職員（大学・短大・高校・中学・小学・他）研究生・学生・団体職員・その他（ ）
お勤め先・学校名	日頃ご覧の新聞・雑誌名

※この葉書にお書きいただいた個人情報は、新刊案内や見本誌送付、ご注文品の配送、確認等の連絡のために使用し、その目的以外での利用はいたしません。

● ご感想をインターネット等で紹介させていただく場合がございます。ご了承下さい。

● 送料無料・農文協以外の書籍も注文できる会員制通販書店「田舎の本屋さん」入会募集中！
案内進呈します。　希望□

■毎月抽選で10名様に見本誌を1冊進呈■（ご希望の雑誌名ひとつに○を）

①現代農業　②季刊 地 域　③うかたま　④のらのら

お客様コード

O14.07

農家の意向を重視し現場の取組みを支援

原発事故により避難する農家も多いなか、営農再開については農家の意向を知ることがまず重視された。復興を機に基盤整備が行なわれる場合には営農の枠組みをどうするかも課題となる。上からの押し付けでなく、現場の自主的な取組みになるよう支援することが心がけられたという。

……まずは農家の意向を知ることが一番大事。問題があれば、それに対応するしかない。土壌や作物の放射性物質の測定、復興事業の利用など、農家の求めるものに臨機応変に対応することが必要です。原発から二〇km圏内であれば人の口に入らない資源作物や太陽光発電でもいい。農家と意見交換しながらやっていく。行政が「こうしよう」と言っても実際に動き、リスクを負うのは農家です。それをバックアップするのが普及の役割ですから。

……避難している農家が本当に戻りたいと思っているのか、戻って農業をやりたいのか、それを踏まえて支援していくしかありません。大規模にやりたい人がいるなら、その人がやりやすいように支援し提案していく。地域農業の核になる人はいるのです。ただ、別の職業に就いた人は戻ってくるとは考えづらい。酪農家でNPO法人を作って営農再開に備えている人、復興組合で頑張っている人もいます。そういう人が担い手になっていくと思います。誰が担い手になるかは、ある程度把握できます。

……南相馬市では平成二十四年から米の試験栽培（サンプルを取ったら廃棄）、二十五年から実証栽培（全量全袋検査で基準値以下なら出荷）を行ないました。二十六年からは普通に作れるようになっています。二十七年は目標面積一五〇〇haに対して七八〇haぐらい作付けしました。

……具体的な営農計画を提案するかどうかはケースバイケースですね。耕種の場合は地域ぐるみですが、酪農など畜産の場合は個別的な対応になります。水稲主体で基盤整備地区のような場合には「これからはこういう農業をやっていかなければいけない」という意識改革も大事になりますし。

……なるべく関係機関や農業団体と連携し、現地の人がやる気になるよう仕向けていくことが大事です。地域による違いもあります。避難先から人が戻りそうなところと、そうでないところがあるわけです。津波で農業機械も流されてしまったようなところでは、復興交付金

震災後、トルコギキョウの後作として導入されたカンパニュラ（南相馬市）

事業などで農家の負担なく支援することができますが、内陸部ではなかなか話し合いが進まない場合があります。ただいずれにしても「もう一度基盤整備をしよう」と言っても、誰が核になってやるのかが問題になります。

……農家の意向を確認して、やる気があるところは基盤整備を行なっています。核になる人に「集落営農はどうあるべきか」を理解してもらい、一緒に進める。基盤整備をすると農地の価値も上がるので、地権者の希望は多いのですね。しかし、それに見合った担い手が少ない。逆に、基盤整備をしないと担い手も引き受けられないという課題もあります。

……基盤整備自体は別の部署（農村整備部門）の仕事ですが、計画段階から普及がかかわることは大事なことです。基盤整備が終わってから「さて、営農はどうする」という順序ではなく、担い手や営農計画を先に決めておく必要があります。震災でリセットされたので、むしろ農地集積は進めやすくなったといえますが、地域営農に参画する人も減っていますので、基盤整備と同時並行で営農をどうするか話し合う必要があります。

……農地復旧を担う復興組合が、そのまま担い手に成長したケースもあります。普及も関係機関等と連携し、作物の選定、営農技術、除塩、輪作体系の構築などについて指導しました。集落営農の必要性を理解してもらうことも普及の役割です。上から言うのではなく、下から盛り上げたほうがうまくいきます。自主的に取り組むよう仕向けるのが大事なのです。

……災害がきっかけで新しい形ができた地域もあります。複数自治体にまたがる土地改良区で、以前は基盤整備を巡って意見が対立していたのが、震災をきっかけにまとまり、整備が進んでいるケースもみられます。

……基盤整備を行なっても、区画を広げる面工事と水利施設の整備は同時には完了しません。そうなると工事が終わって引き渡しは受けても、すぐには作付けできないという状況になるわけです。そこでは畑作物をやるしかない。しかし大豆などを作る自信がない場合もあります。復興に取り組む団体では、バイオプラスチック（生分解性プラスチック）の原料となる「ケナフ」を導入した例もあります。我々もケナフは扱ったことがなかったのですが。

……ナタネやヒマワリによるファイトレメディエーション（塩分や有害物質を植物に吸わせて土壌を浄化すること）は思ったほど効果が出ませんでした。また、除塩や土壌のｐＨ調整なども研究機関の協力を得て取り組みました。

……東京農大の研究者が来て塩害や放射能などの対策に当たりました。ゼオライトの投入でカリの溶脱を防ぐ技術を農家に指導し、相馬市のマスタープラン作りでも連携して取り組みました。

……発災直後のモニタリングや避難農家の支援以外では、余所の普及部・普及所からの人的支援の必要性は感じませんでした。他は他で問題を抱えていましたから。自分たちのところは自分たちで何とかしようと思いました。

……放射性物質の吸収について定期的なモニタリング調査をし、その結果をどう扱うか、といった話し合いもしています。南相馬市が福島大や新潟大に委託して試験をしており、その結果について関係機関が集まって協議してきました。すべてのため池の除染はできないので、水の使い方も協議事項になっています。

現場とのつながりを生かした放射能汚染対策

原発事故による放射能汚染対策については他地域と同様まずは検査が最重視された。米は本庁との連携のもと全袋検査が行われるようになる。

……原発事故直後の平成二十三年三月に、放射性物質の検査のため野菜を集めるよう本庁から指示が出ました。三月は野菜があまりない時期なのですが、そこからモニタリング調査が始まったのです。さまざまな品目で放射性物質の量が高いことがわかってきました。牛乳の検査をしたら高い数値が出て出荷制限がかかったのです。

……当初は分析業務を民間に委託していましたが、七月にゲルマニウム検出器一〇台が郡山の農業総合センターに配備されたので、そこへ持ち込むようになりました。

……平成二十三年度には、当事務所にＮａＩシンチレーション検出器が配備され、それで米の全戸検査も行ないました。米の検査は本庁からの指示に基づくものですが、畜産の牧草等については自主的に検査しました。

……土の検査もやりましたが、迅速性が求められたため、いわき市なら北部、中部、南部など大きな地域単位で行ないました。測定に訪れた農業総合センターの人を現場に案内しています。いわき市北部の一部は三〇km圏内なので対象外でした。

……モニタリング調査の人員を人材派遣会社から派遣してもらったケースもあります。

……米は平成二十三年度はサンプル検査でしたが、二十四年度から全量全袋検査に移行しました。結果は県の「ふくしまの恵み安全対策協議会」のホームページで詳しく公表し、野菜も過去の記録はすべて県のホームページに掲載されています。畜産の草地は五ha単位で検査をしているのですが、それ以外に酪農団体が一ha単位で自主検査しています。

……平成二十三年四月からは、野菜（非結球性葉菜類、結球性葉菜類、アブラナ科花蕾類、カブ）の出荷制限を解除するための取組みを行ないました。相馬市、南相馬市（二〇km圏外）、新地町に制限解除をすすめるための圃場を設け、三回続けて基準値超過がなかったので六月ごろには解除になりました。

栽培を再開するうえでは資材や機器、堆積した落ち葉への放射性物質の付着に注意するよう指導したり、施肥の改善を促したりした。きめ細かな指導が行なえたのは、日頃から現場とのやりとりが豊富な普及指導員だからこそだという。

……栽培が再開されるなか、農家に気を付けるよう指導したのは放射性物質の付着です。原発事故当時、屋外にあった資材は使わないよう注意を促しました。納屋に収納していても風で放射性物質が吹き込んで汚染されるケースもあります。そういうものはビニールに梱包するなどして隔離するよう指導しました。普及所でチェックシートも作っています。不織布やトンネル用のビニールなど資材から作物に放射性物質が付着して高い数値が出た事例も実際にありました。

……乾燥機からの汚染もありました。屋内にあっても風が吹き込んで汚染されたようです。汚染されているものとの接触による交差汚染を防ぐために、乾燥機を掃除したうえで最初に通した米の六〇kg分は南相馬市が買い取って処分しています。カントリーエレベーターやライスセンターも今年、原町区で再稼働するのですが、四シーズン使っていないので、まず内部を修理したうえで交差汚染対策の調査を国がやって、問題がなければ稼働ＯＫになります。個別農家への指導は南相馬市などと連携して行なっています。

……畜産関係では稲わら、たい肥、敷料をチェックしています。敷料が原因で牛肉から暫定規制値を上回るケースがあり、隔離するよう各市町村を通じて農家へ連絡しました。しかし、農家もどこに置いていたか忘れていることが多いので普及指導員が回って確認しました。

……平成二十三年、園芸では廃プラスチックが捨てられなくなります。置き場所に困った農家から相談を受けました。燃やすと放射性物質が濃縮されるので業者も引き取らない。八〇〇〇ベクレル以下ならＯＫ（八〇〇〇ベクレルを超えると指定廃棄物として分別処理しなければならない）なのですが、解決までには時間を要しました。

……米、小麦、大豆、ソバなど畑作物については、カリ肥料を増やすなど吸収抑制対策をしてから作付けするよう指導しています。野菜も同様ですが、畑はもともとカリ分が多い。作る場所も気を付けるように言っています。初めて作付けする場所や杉の木の下などはとくに気を付けてもらうようにしてもらっています。

……枯葉が多いところは放射性物質が蓄積されやすいのです。それとビニールハウスの間などにもたまりやすい。野菜の場合は土から吸うより上から降ってきたものが多かった。だから、今はほとんど出ません。

……他作物では、放射性セシウムを抑制するためにカリウム成分を施用する対策がとられたのですが、畜産の場合、事情は異なります。放射性セシウム抑制対策として草地に塩化カリウムを入れすぎると牛の健康に悪影響があり、死んでしまうこともあるのです。塩化カリウムを配られても、ただ入れればいいというものではない。そもそも草地はたい肥が入っていてカリウム成分がもともと高い圃場が多い。「とにかくカリウムを入れればいい」という誤解を解き、適正に投入することが必要です。

……普及としては放射能汚染対策にかなり寄与できたと思うのです。現場で農家と直接やり取りしている我々だからできたこと。農協の営農指導員もいますが、彼らは賠償問題などで忙しいですから。指導内容は農協が主催する栽培講習会などでも周知を図るようにしました。

講師として招かれ、資料も配布しています。農協の広報誌に吸収抑制対策の記事を載せる際、その監修を求められたこともあります。

福島県産の農産物に対する風評被害はなかなか払拭できないでいる。だが、できることを地道に積み重ねるしかない。風評被害対策は長期戦である。

……普及部・普及所としてできる風評被害対策は限られています。基本は吸収抑制対策とモニタリング検査、米は全量全袋検査。その結果を包み隠さず公表し、何かあったら原因を究明するしかありません。風評被害対策は長期戦です。ひとたび基準値超過などの問題が出てしまうと風評被害が再燃するので、継続した取組みが重要になります。

……正式なモニタリングは、作物のサンプリングから我々が県のモニタリングとしてやっていますが、今は農家が近くの直売所などに持ち込んで検査を受ける仕組み（自主検査）もできています。その記録簿のチェックは我々の仕事です。直接的にかかわっているのは生産対策の部分で、あとは出荷制限解除へ向けた取組み。結果の分析や公表は別の部署が担当しています。

……避難指示解除準備区域内で実証圃を作っています。避難指示が解除され住民が戻ったら、すぐに営農を再開できるように準備しているのです。実証圃では、鳥獣被害を受けやすいので、鳥獣害を防ぐため電気柵が必要になります。我々が設計し、農家にやってもらったり、農家がいないところは我々自身で実証圃を設けています。これも我々しかできない仕事です。

震災から四年半経過後の課題

震災から四年半が経ち、農家のなかには再開意欲を失う人も出始めている。この間米価も下落した。そうしたなかで、営農再開を促すことはより難しくなっている。また、普及指導の対象も大規模化、法人化するなど多様化している。そして放射能汚染の問題は完全に解決したわけではない。

……この間、一番ストレスを抱えていたのは農家です。避難先から戻って農業を再開しても大丈夫なのか、売れるのか、十分な賠償を受けられるのか、といったさまざまな不安を抱えているわけです。津波で家族を亡くし、農業も縮小しないと再開できないという人もいます。

……米価下落が営農意欲を奪っている面もありますね。「これからは自分の家で食べる分だけでいい」と規模を縮小する農家もいます。その分を引き受ける担い手が十分にいない。基盤整備の済んだ条件のいい水田ばかりではなく、小区画や水利の悪いところなどもあるので、担い手も受けきれないという状況があります。

……避難した子供や孫が戻って来ないことの影響もありますが、高齢者は四シーズンも営農を休んでいる間に営農意欲を失うケースが多いのです。三年ぐらいが限度ではないでしょうか。子供が継いでくれる見込みもないので、農業機械を更新する決断がつかないのでしょう。「農業をやめる」という人に営農を続けるよう説得するかどうかはケースバイケースですが、いずれにせよ強くは言えません。

……農家にどう助言するかが普及指導員自身のストレスになっている面もあります。平成二十五年産の米から基準値を超える放射性物質が出ましたが、ああいうことが起きるとまた逆戻りになるという緊張感もあります。二十五年産米については、いまだに汚染経路がわからないのです。農家からいろいろと言われるのですが、原因がわからないから、いまだにくすぶったままです。あの問題がなければ昨年の作付けはもっと増えていたはずなのですが…。

……明らかにストレスから体調を崩すなどした普及指導員はいませんでした。知らず知らずのうちに慣れてしまったのかもしれません。本来、作物のモニタリングという作業もなかったので仕事はかなり増えましたが、徐々に慣れてきた面はあると思います。

……県によっては単純に作物指導と担い手育成で人を分けているところもありますが、私たちは基盤整備にも動きがあればかかわるようにしました。普通なら集落営農の話し合いに顔を出す程度なのですが、中山間地では、担い手に頼むためにも基盤整備をしなければいけないという話になりますから。今も何地区かで基盤整備を進めていますが、やはり担い手確保が課題になっています。

……普及の対象となる農家が大規模化していくという変化もあります。野菜でも担い手が法人化して規模を広げていく動きが加速している。以前から大規模農家はいましたが、急速に規模拡大が進むので栽培技術などの習得がついていかないようにも思っています。

……集落営農の中心になるような担い手は、土地利用型農業でもさほど多くはなかったのです。今後は普及指導員ももっと大規模な担い手や組織を相手にしていく必要があり、勉強しなければなりません。集落営農組織も含め、大きな経営体を作らせるだけでなく継続的に支えていく努力が必要です。農家というより「経営者」を相手にしなければならない時代になってきました。

「農家とともに」の再確認

未経験の状況に直面する農家。それは普及指導員にとっても同じであった。そうしたなかで優先されたのは「農家の声を聞くこと」「農家の不安を取り除くこと」。そしてそこから見えてきたのは「農家とともに」あることの重要性であった。

……農家は未経験の状況に直面して不安になっています。まずは話を聞き、一緒に考えてあげることが大事なのです。特に、原発事故は放射能という見えない敵が相手なので不安感が強い。放射性物質の測定などを通じ、できる限りその心配を取り除いてあげることが重要になります。農家の意向を聞いたうえで、周囲の関係者と連携しながら何ができるのか考える必要があるのです。

……やはり臨機応変の対応が大事ではないでしょうか。災害や事故の状況、農家の意向に合わせて柔軟に対応すべきです。平時のやり方は通用しないので、私たちのほうが変わらなければならない。常に「今、何をしなければならないのか」を考えて行動することが重要です。基盤整備一つとっても、以前は整備してから営農のことを考えればよかったが、それでは間に合わない。並行してやらなければいけないのですから。

……放射能対策や基盤整備地区での担い手への農地集積、営農再開支援等については、普及のように柔軟な組織でなければ対応できないのではないかと思います。ただ、原発事故、震災直後は、経験年数の長い普及指導員が多かったので対応できましたが、最近は、経験年数の少ない若い普及指導員の割合が増えています。若手の負担は大きいと思うので、ベテランが上手に若手を支援する必要があると考えます。

……関係機関との連携態勢も走りながら作ってきたわけですが、平時から大災害に対応できる体制をとっておくことが大事だと思います。日常的活動を通じて農家との連携を密にし、関係機関との意思疎通も深めておくことも必要です。普及にコーディネート機能が求められてくるということでしょうか。

……大きな災害体験を通じて、多少のことでは動じなくなりました。ある意味、感覚がマヒしてしまったのかもしれませんが、自分の中の「引き出し」は増えたとは思います。それでも被災した農家に営農意欲を取り戻してもらうのはなかなか難しい。避難した人々は「どうしたらいいか」と悩んでいます。何かあった時に「あの人に聞いてみよう」と思ってもらえる関係を築いておくことがなによりも大切なのではないでしょうか。

福島県　相双農林事務所農業振興普及部

農業生産等の状況……相双農林事務所農業振興普及部は、福島県南相馬市の福島県南相馬合同庁舎内に事務所がある。農業振興普及部は、所員二〇名で相馬市、南相馬市、新地町および飯舘村の二市一町一村を管轄区域としている。相双農林事務所が管轄する相双地域は、福島県の浜通北部に位置し、東は太平洋、西は阿武隈高地に挟まれた相馬地域と双葉地域からなる。海岸沿いの平坦部は比較的温暖であるが、夏季は偏東風（ヤマセ）の影響を受けて冷害を被りやすい地域で、冬季は降雪量が少なく乾燥した晴天の日が続く。一方、阿武隈高地は内陸性の気候で、平坦部に比べて夏季はやや涼しく冬季は冷え込みが激しい。

経営耕地面積の七八％が水田で、畑地は二〇％、樹園地一％と水田の占める割合が高く（二〇一〇年農林業センサス）、米をはじめ、トマト、キュウリ、ブロッコリーなどの野菜生産が行なわれており、その割合は年々低下しているものの、米中心の生産構造となっている。

被災の概要とその後の状況……東日本大震災とそれに伴う東京電力福島第一原子力発電所事故により、双葉郡の八町村と飯舘村の全住民および南相馬市小高区を中心とした住民が避難生活を余儀なくされた。その後、緊急時避難準備区域の解除や避難区域の再編等がなされ、周辺地域から徐々に避難区域が解除されつつあり、一部町村において帰還が進められている。

農地、農業用施設も甚大な被害に見舞われ、相双地域耕地面積の約二六％にあたる五二八二haが津波にのまれ、湛水防除施設、防風林、農業用機械等の多くが失われた。また、多くの農業者が被災し、避難を余儀なくされているが、平成二十七年の新規就農者は、相馬地域の三名となっている。

農業生産の新たな動き……水田等は津波被害と放射性物質汚染により、作付けができなかったり作付制限が行なわれたりしたが、避難区域を含め、試験栽培や実証試験により安全性を確認しながら作付け再開を進めてきた。平成二十六年産においては、水田面積の一八％にあたる二七二二haで作付けが行なわれ、徐々にではあるが、作付けの再開が始まっている。そのようななか、相馬市飯豊地区では、復興組合から三つの大規模な農業生産法人が設立され、地域の復興の担い手になるなど、各地で新たな営農体制が確立された。

拡大基調にあったブロッコリー、トマト等は主要産地が避難区域になったことや、地震による施設倒壊や津波被害により大きく減少したが、南相馬市では、放射能の風評が少なく収益性の高いトルコギキョウにカンパニュラを組み合わせた花き周年生産の取組みが始まるなど、新たな動きも生まれつつある。また、中山間地域を中心に重要な役割を担っている畜産については、自給飼料生産からたい肥利用までの資源循環の環（わ）の再生を最優先した取組みへの支援が強化されるとともに、風評に備えたトレーサビリティの確立やＧＡＰ（農業生産工程管理）などの取組みが強化されつつある。

危機の中で起ち上がった
普及指導員たち

前例や枠組みにとらわれない普及活動を

古川　勉

発災のとき、私は……

二〇一一年三月十一日、午後二時四十六分、私は岩手県農業研究センター二階の自室にいた。突然の大きな揺れは、今までに体験したことのないものであった。「ゴーッ」と聞いたこともないうなりをあげ、鉄筋コンクリート三階建ての研究棟は「ミシッ、ミシッ、ミシーッ」ときしむ音をたてていた。エレベーターや防火扉、シャッターは、けたたましくサイレンを響かせて閉じてしまった。館内の各種警報システムはあちこちで鳴り響いた。部屋のテレビが床に落ち、パソコンのモニターは倒れ、壁の絵画は外れた。

隣の経営研究室の研究員らに声をかけ、廊下にいたいつもの掃除のおばさんらに大声を出し、階段を降りて総務課事務室に向かう。いつしか「全員外に退避！」、と叫んで歩く自分がいた。揺れが治まって、いったん事務室に戻っても、何度も何度も揺れは押し寄せる。そのたびに避難を繰り返す恐怖を味わった。

各県普及指導員の証言

当時を思い出しながら、あらためて本書の元となった「東日本大震災の記録や教訓を保存し伝えていくための普及指導員調査報告書」を読み通した。

宮城や福島両県の各普及指導員の証言は、私が震災後に勤務した大船渡農業改良普及センターの活動での経験と似通うところが多い。最初は何をどうしてよいのか判断がつかず、目の前の案件をできるところから、支援活動と併行して普及活動を行なうもので、常に臨機応変な対応が求められた。

それらの活動を振り返ってみて、各県普及指導員の証言を基に私なりにキーワードとして整理してみたい。

避難と職員の安否確認

岩手県には古くから「津波てんでんこ」という格言が伝えられている。津波発生時には、それぞれが率先して安全な場所に避難するということである。自分自身の安全確保を図り、まずは自分の命を守ることである。これが他の職員の安否確認に、そして早めの被災地支援と普及活動の展開に繋がること。

緊急事態の準備は平常時

今回の初動では多くの被災地で課題とされた避難場所をはじめ、非常食、飲用水、ガソリンなどの燃料、情報機器、公用車等の移動手段などは最低限の準備だった。これらは、平常時に準備しておくべきで、緊急時の支援活動と普及活動が遂行できるような環境を整えておく必要があること。

主要な農業者の安否確認と地域情報の収集

あらかじめ委嘱されている普及事業パートナーなど、各集落や各部会の代表的な農業者の安否確認とともに、地域の農業者の被災情報や農地・機械施設の被害状況を収集できるよう、リスト作成や仕組みを事前に整えておくこと。

普及センター内での情報共有化

農業者の安否確認や地域の被災状況など収集された各種の情報を一覧に整理して、各普及指導員が書き込むとともに共有できる仕組みを整えておくこと。このことは、一方では、収集に当たった普及指導員が一人で問題を抱え込まずに、ストレスを吐き出す効果があること。

関係機関・団体との情報共有化

市町村や農協など地域の機関・団体は、緊急支援や生活支援などが優先され住民や組合員対応に追われるため、整理された情報は、必要に応じて関係機関・団体に随時提供するとともに、関係機関・団体による対策会議を主催するなど情報共有に努めること。

聞き手になることの重要性

被災者は誰かに自分の経験や苦しみを話したがっており、個別訪問や相談活動を通じて、家庭状況や被災状況を見極めながら、解決策はすぐに見つからなくても共に考えて悩む、上手な聞き手となること。

営農再開に向けた相談活動

被災状況の聞き取りとともに、今後の営農意向の確認や資材の手配なども含めて、避難所や集会所などあらゆる場所と機会を捉えて、それぞれ抱える農業者の個別の課題解決に向けた相談活動を行なうこと。その後のフォローも重要であること。

震災を契機とした新たな営農の構築

担い手個人への農地集積と集落営農への取組み、新たな技術導入、施設園芸団地化など、これまで地域ではなかなか進められなかった新たな営農を計画するとともに、積極的に普及啓蒙していくこと。また、これらの成功事例をモデルとして、周辺地域に普及拡大を図っていくこと。

国や県への提言

現場を熟知している普及は、被害の状況や今後の対応方向、農業者や関係機関・団体の意向、優先案件などについて客観的かつ的確な情報を有することから、国や県など復旧・復興策を進める関係部署に対して積極的に提言を行なうこと。

放射性物質と風評被害対策

過去に経験のない普及活動であり、知識の習得と実態把握にかなりの時間を要するものの、早急な対応が求められて混乱したこと。農業者はもちろんのこと消費者に対しても、科学的な見識を持って隠さずに根気よく情報提供を行なうこと。

専門家の活用と客観的な判断

普及だけで課題解決に取り組むことなく、県内外の専門機関や民間企業を活用すること。一方では、震災に乗じて各種資材や施設の情報が飛び交うので、普及は第三者の目で効果があるのか、確かな技術であるのかを見極め、農業者に正しく伝達する必要があること。

農業者とのつながり

農家を良く知ることと普段からの付き合いによる信頼性の構築は、詳細な情報収集が可能となるとともに、震災後の早急な復旧・復興の支援に大きく寄与したこと。

以上は、被災各県の普及指導員らが語っていた主な事項を取りまとめたものであるが、これらは日常の普及活動にも繋がるところがあり、「私の十二訓」として心にとどめたいと思う。

大船渡農業改良普及センターの実践

東日本大震災津波により、多くの農用地や農業機械・施設が甚大な被害を受けたほか、尊い多くの犠牲者とともに住居の流失など多数の被災農業者が発生し、避難生活を余儀なくされた。

この災害に伴い、大船渡農業改良普及センターにおいても、被災市町への災害対応支援活動と併行して、これまでの普及活動では考えられなかった各種の普及活動を展開することとなったが、取り組んだ順に解説しながら紹介したい。

対象農家の安否状況等確認

三月二十二日から約二ヵ月をかけて各普及指導員が分担して、管内の中核となる認定農業者や農業農村指導士など重点指導対象農家の安否確認とともに、被災状況と今後の営農意向、地域の状況等を巡回して確認した。これは、各市町にも情報提供するとともに、交付金事業の対象リストとして活用された。

災害復興営農対策会議

普及センターが主催し、三月二十三日から同会議を開催。構成は農協、共済組合、各市町、大船渡農林振興センターとし、被災状況や復旧・復興など各種情報交換を行ない、四月中旬から毎週金曜日の開催、七月からは毎月一回の開催とした。途中からは、県庁関係課や出先機関、国等も参加し、情報収集とともに対策協議の場ともなった。

専門体制と計画作成

復旧・復興と農業者の生産活動の支援のため、三名の専任体制による「希望ときずな農業チーム」を設置するとともに、普及活動計画を見直したほか、具体的な活動を明記した「希望ときずなのマスタープラン」を別途作成し、普及活動に取り組んだ。

避難所における営農相談会

除塩方法や水稲栽培技術、水稲苗の準備状況、野菜等代作の栽培技術など個別の課題を解決することにより、早期の営農再開を目的とし、農協、共済組合、当センターで構成する三班態勢で避難所での青空相談会を四月五日から六日に開催（一二ヵ所、二九二名）。

総じて、塩害の影響と除塩方法など技術的な相談のほか、農業共済や農協建物共済に関する相談が多かったが、今後の生活への不安など人生相談的な内容も多々あり、対応には苦慮した。

被災農地の調査・分析

四月八日から希望する農地すべてを対象にした土壌サンプリングとＥＣやｐＨ等を分析。調査数は災害査定関係が二三〇点、一般が七五点となった。

被災農地に実証圃設置

水田（七ヵ所）・野菜畑（三ヵ所）・果樹園（二ヵ所）での除塩栽培と新たな栽培方式や防除方法の導入のため、実証圃を設置して重点指導を行ない、周辺農業者への技術の普及を図った。

農業機械・資材の収集と被災者への提供

防除機などの農業機械、支柱・マルチ・肥料などの資材を農業研究センター等から収集し、四月末に農協野菜部会に届け、被災農業者に寄付した。

被災者からの要請に基づく物資の調達

被災農業者の避難先への飲料水の調達と提供や、被災した農産加工グループなどに希望する厨房器具の取りまとめと募集を行なって提供した。

農業生産法人の誘致支援

被災地への誘致を目的に、市と県内外の農業生産法人との調整や関連情報（農地・気象・水源等）の提供を行ない、陸前高田市に植物工場が整備（二〇一三年八月）され、復興のモデルとなるとともに、農業での多数の雇用が実現した。

普及事業パートナー全戸巡回による地域情報収集

普及センターが各集落ごとに委嘱しているパートナー一一五名を、各普及指導員が分担して全戸巡回し、現地での課題などを聞き取り調査して取りまとめ、市町や農水省現地支援チームに情報提供して事業導入や制度創設の参考とされた。

普及指導員OBによる支援活動

専門知識を有する普及指導員OBに依頼して、用具の準備や保健所への申請手続き、復興関係事業への申請手続き、商品開発のアドバイスなど、加工施設や農村レストラン、産直の早期再開を支援した。

野菜種子の配布による営農意欲喚起

福岡県の方から野菜種子約四千袋の寄贈を受け、被災した産直組合を通じて各農業者に配布し、野菜作りによる営農意欲の維持・高揚とともに、所得確保を促進した。

放射性物質のサンプリングおよび測定

六月中旬からにわかに放射性物質が問題となり、牧草、野菜、稲、大豆、原乳、稲わら、果樹、そば、土壌のサンプリングを行ない、分析機関への提供とともに、農業者等に結果を知らせた。十二月からは普及センターにベクレルモニターが配備され、測定作業も開始。のちに、事務所のある合同庁舎にＮａＩシンチレーションスペクトロメータが配備され、山菜や焼却灰などあらゆるものの測定が行なわれ、データを提供した。

所得確保のための緊急代作

冬春どりキャベツの防除や作型開発のため、実証圃を設置しながら約二ha作付けした。内陸の花巻農協と大船渡市農協の仲介を行ない、復興キャベツとして花巻農協の産直で販売し、被災者の所得確保に貢献した。

被災地応援ツアーの企画・運営

ボランティアと連携して、被災された女性を元気づけるため、農漁家レストラン、加工工房、産直を巡回し、被災状況の現地調査や各店舗等での商品の購入、昼食、支援物資の提供など、県内外の方々を対象にバスツアーを企画・運営。頑張る母ちゃん応援隊が組織化され、二〇一三年まで毎年一回開催された。

農林業のための放射線セミナー

農林業に従事する方や関係機関・団体を対象に、放射線に関する基礎知識の習得と対策に資するため、専門家によるセミナーを開催した。

共同菜園等の開設支援

ボランティア団体からの要請により、共同菜園（二ヵ所）や花壇（一ヵ所）の設置のため、開墾や栽培の技術的な支援を行なった。これは、住民の自主的な活動を促すとともに、仮設住宅団地におけるコミュニティ形成に寄与した。

北限のお茶の整枝せん定指導

北限のお茶の産地として知られる陸前高田市の茶が放射性物質で出荷できなくなったことから、放射性物質を低減する深刈りや中切りなど、専門技術者を県外から呼び、生産者や関係者を対象とした検討会や指導会を開催した。二年後に生産が再開された。

北限のユズの振興

北限のユズの産地であることをアピールし、県内の製造業者や管内の菓子製造者等と連携して、「北限のゆず研究会」を組織化し、ゆず酒、ケーキなど菓子類、ゆず塩などの多彩な商品開発と販売活動を支援した。

復旧・復興にみる「協働」の精神

現地での活動を通じて、私の人生の中でこれほどまでに、食料や水の重要さ、エネルギーの大切さを体験したことは覚えにない。それがかえって自分のモチベーションを維持する形となり、復旧・復興における農業普及活動は最も重要なものであるとさえ認識し、私だけに限らず職員たち皆が「普及指導員」という看板を背負い、自負心をもって支援活動と普及活動に臨んでいた気がする。

農業・農村は一瞬にして失われる存在であることをこの震災で知った。一方、元の農業・農村を、コミュニティを再生させるには、莫大なエネルギーをもってしても不可能とさえ思った。だからこそ、現場を熟知する私ども普及指導員が農業者をはじめ関係機関・団体の支えとなり、農産物の生産の再開や農村社会の再構築に真っ先に取り組まなければならないと痛感した。

「絆」や「寄り添う」などの言葉がもてはやされたが、農業者と共に悩み、無理をせず課題を一つひとつできるところから解決しながら共に歩む「協働」の精神が重要であると感じた。課題解決の答えは、やはり農業者のいる現場にあったのだ。

あれから五年以上が経過している。

北限のお茶は放射性物質が不検出で再開し、北限のユズはリキュールをはじめ、ビスケットやシフォンケーキなど数々の商品化が実現した。それは、ユズの新たな植栽、ボランティアによる収穫から、商品化とともに農商工連携にまで発展した。

国の復興関連のプロジェクト研究は、岩手県農業研究センターを中核として、南は沖縄から北は盛岡までの独法や大学、民間の研究機関と連携して、大船渡農業改良普及センター管内で各種の実証試験が始まり、数々の成果が生まれている。

大槌町や陸前高田市では、インショップ産直提供のための野菜の周年栽培がはじまった。陸前高田市小友地区は被災水田約九〇haを大区化して整備し、農事組合法人化した。広田半島営農組合も被災水田や加工施設を再整備して農事組合法人化した。大船渡市三陸町や大槌町、釜石市では、水田の復旧整備に併せて小規模ながら、担い手への農地集積や機械利用組合による営農がスタートしている。震災を契機として、新たな営農システムが構築されてきている。リンゴは「潮風りんご」と商標登録され、贈答用として好評を博している。

しかし、一方では、被災した産直はいまだに一つも本格的な再開はされず、仮設として存在している。市街化地域の再生とともに、住宅建設が進まないのが要因とも言われている。

これらの取組みは、県内外のシンポジウムや学会に呼ばれて発表してきた。また、機会をとらえていろいろな場で情報を提供してきた。伝えること、知っていただくことが重要と判断したからだ。

一二〇〇億円をかけた土砂運搬用のベルトコンベア「希望の架け橋」はすでに解体され、陸前高田市の西方の山々は高台住宅地に生まれ変わった。奇跡の一本松は、自然木ではなく、建造物として元の場所に戻され、観光スポットとともに復興のシンボルとして心の拠り所となっている。

各地の防潮堤は、いよいよ高さを増し、後世の災害を防ぐための準備に入った。道路があって陽当たりの良い農地は、宅地へと転換が進んだ。ホテルなどの宿泊施設も整備され、個人住宅や災害公営住宅の建設も進む一方で、校庭跡地などには依然として仮設住宅があり、被災者の皆さんの本格的な生活再建には至っていないのが現状だ。まだまだの感がある被災地。これからも復旧・復興の取組みは続く。

私が、沿岸で支援活動や農業改良普及業務を進めることができたのは、今にしてみれば被災された農業者の皆さんの前向きな姿があったからだと思う。巡回するたびに、自分たちでできるところから、無理をせず、じっくりと取り組むその姿は、心に染み入るものがあり、かえって勇気づけられもした。被災地のあちこちで変化が見られ、被災者の方々を中心として、県内外の、国内外のいろいろな方が農業の復旧・復興に携わって、前へ前へと進んでいる姿がひしひしと感じられる。

今は、被災地の普及指導員であったことに感謝している。緑豊かな、心豊かな農村が再び築かれることを期待してやまない。

寄り添う、支える、ともに進む

被災地における普及指導員の役割

行友　弥

農家と向き合い続ける普及指導員

筆者は二〇一二年六月まで毎日新聞の記者をしていた。最終職歴は経済部編集委員（農林水産業担当）だが、入社は一九八五年で初任地は福島県だった。農業に関心を抱いたのも福島における取材体験が原点だ。その後も一次産業の取材でしばしば東北地方を訪れ、青森では支局のデスクも務めた。出身地は北海道だが、東北は第二の故郷だと言っていい。

その東北が二〇一一年、大震災と原発事故に見舞われた。農業用ハウスをなぎ倒し、田畑を飲み込む津波の濁流。白煙を上げて吹き飛ぶ原子炉建屋。それらの映像に心底身震いした。

当時は農林水産省の記者クラブに詰めていたが、現場から遠く離れた東京で官庁の発表に基づいた記事を書いていることに、言いようのない後ろめたさ、もどかしさを感じた。それが転職のきっかけになった。

記者は「当事者に寄り添った記事を書け」とよく言われる。「上から目線」ではなく当事者の立場で報道せよ、という意味だ。しかし、しょせん記者は第三者でしかない。だから善意で書いた記事がかえって当事者を傷つけてしまったり、取材自体を拒否されたりもする。だが、記者は拒絶されれば立ち去ることができる。普及指導員には、それが許されない。そこにどれほど無残な光景が広がっていても、どれほど当事者の悲しみや絶望が深かったとしても、普及指導員は同じ土地にとどまり、同じ人々と向き合い続けなければならない。今回の調査（筆者は福島県担当）に参加させていただき、何よりもまず、その重みを感じた。

被災農家に「寄り添う」とは

普及指導員というのは農業関係者以外にはなじみのない人々だが、私自身は取材を通じての接点があった。農家を紹介してもらったり、地域の農業事情を聞いたりするにはありがたい存在だからだ。

もちろん自治体や農協も頼りにした。だが、農家に対して強制力のある権限や補助金、販売や購買上の取引といった利害関係を持っていない分、普及のほうが公平で客観的な情報を持っているように感じた。実際、役場や農協を批判する農業者は珍しくないが、普及のことを悪く言う人には会ったことがない。

ただ、私自身も普及指導員の活動実態を知悉していたとは言い難い。その意味で、今回の調査は大いに勉強になった。

「全国農業改良普及支援協会」のホームページを見ると、普及指導員は次のように定義されている。

「農業者に直接接して、農業技術の指導を行ったり、経営相談に応じたり、農業に関する情報を提供し農業者の皆さんの農業技術や経営を向上するための支援を専門とする、国家資格をもった都道府県の職員」

簡潔にして明瞭な説明だ。しかし、今回の調査で私が出会った人々は例外なく、これを大きく踏み越える活動をしていた。

手弁当と寝袋持参で避難所の事務室に泊り込み、被災者支援に奔走した職員がいた。一台しかない線量計を持って毎日数百キロを車で走り、ひたすら放射線量を測定し続けた人がいた。農作物や農地の土壌を測ったのではない。住民の安全のため空間線量を調べたのだ。

震災発生直後は、通信が途絶し自動車の燃料も不足する中、あらゆる手段で農業者の安否と被害状況を確認した。

「農家に電話するのが怖かった」「（がれきの下に）何が埋まっているのかを想像すること自体がストレスだった」という声もあった。自分自身が被災者だったケースも少なくない。福島では放射能汚染の不安が広がる中、家族を守ることと職務との間で悩んだ人もいる。

災害発生直後の混乱を脱してからのほうが、困惑は深まった。農地や農業用施設はおろか、住むところさえ失い、絶望のどん底に沈む人々を前に「どう言葉をかけたらいいのか」「農業の話などしていいのか」と多くの普及指導員が悩んだ。被災農家にとって営農再開より生活再建が先だったのは当然のことだ。

放射能という見えない敵との闘いも初めての経験だった。マスコミや行政文書に飛び交う専門用語の意味が分からず、乏しい文献やインターネットで学び、農業者の質問に答えるしかなかった。当初は作物への放射性物質の吸収を抑制する方法について確立された知見がなく、研究機関と連携しながらの試行錯誤が続いた。

ある普及指導員は、放射線量の高い地域へ作物のサンプリングに行く際、支給された防護服を着ることができなかった。そこでは、住民がまだ普通の服装で生活していたからだ。

家畜の処分や作物の出荷制限を巡って矢面に立たされ、農家の怒りや苛立ちをぶつけられた女性職員もいる。彼女は「自分をうらんで農家の気持ちが晴れるなら、それでいいと思った」と述懐した。

一方で「役場や農協には強い口調で支援を迫る人も、普及には違う態度を見せた」という証言もある。前述のように、普及指導員はモノやカネを直接提供する立場ではない。だからこそ、農業者は普及指導員に一種の「仲間意識」を抱く——という指摘に「なるほど」と思った。

「普及指導員の仕事は技術指導であり、農家の話し相手になることではない」という意見もある。本来は、それが正論だろう。だが、災害発生直後は「ひたすら話を聞くしかない」状況があったのも事実だ。

被災者は自らの被災体験やつらい心境を誰かに話したい気持ちを持っている。だが、それは案外難しい。「被災者」とひとくくりに言っても、一人一人の境遇は違うからだ。家族の安否、住まいの有無、預貯金の額などの金銭的格差が被災者相互の間に築く「心の壁」は想像以上に厚い。

特に原発事故では、避難指示が出た地域とそうでない地域があり、避難指示区域の中にも、解除の見通しが立たない帰還困難区域がある。

避難指示や作物の作付制限、出荷停止の対象になった人々には東京電力の賠償金が支払われるが、道路一本隔てて当該区域に引っかからなかったため、一円ももらえなかった人がいる。こうした不公平感から、以前は仲が良かった隣人同士が目も合わさなくなった地域があったという。

被災地は震災や原発事故の直接的な被害だけでなく、さまざまな見えない傷を負っている。被災者同士では話せないことが、普及指導員だから話せたということもあるだろう。もちろん、平素から築いてきた農業者との信頼関係が、その前提であったことは言うまでもない。

人は誰かと思いを共有することで、逆境を乗り越える力を得る。被災地では答えようのない問い、やり場のない怒りが今も渦巻いている。それを受け止めることも、普及指導員の役割になったと言っても過言ではないだろう。

農業以外にも、さまざまな不安や生活上の悩みを普及指導員に吐き出す中で、少しずつ前向きの気持ちを取り戻し、営農再開へ踏み出すことができた農業者も多かったはずだ。それがまさに「寄り添う」ということなのだろう。

被災地農業の復興と普及の役割

さて、震災発生から五年以上を経て農業復興は一定の進展を見せながらも、まだ道半ばと言わざるを得ない。

農林水産省の定点調査「東日本大震災による津波被災地域における農業・漁業経営体の経営状況」によると、津波で被災し、二〇一一年の段階で経営再開の意思を示していた三二六経営体のうち、一五年までに再開を果したのは八割の二五九経営体だった。残る六七のうち一〇はまだ再開できず、五七は他の組織経営体に参加したか、あるいは離農した。また、再開した経営体でも販売額が震災前の水準に達していないものが一二〇経営体あった。

「八割が再開」は明るい数字だが、調査対象は当初から経営再開の意思を示していた経営体だ。その時点では判断がつかなかったか、あるいは早々に営農継続を断念した人も多かったに違いない。

一方、二〇一五年の農林業センサスによると、被災三県（岩手、宮城、福島）の農業経営体は五年前に比べ二二・五％の減少となり、減少率は全国の一八％を大きく上回った。

沿海部（仙台市の二行政区を含む三八市区町村）に限れば、岩手県で二五・三％減、宮城県で三四・六％減、福島県で四六・四％減とさらに減少幅は広がる。福島の半減は避難指示区域の約五五〇〇経営体が調査対象から外れたことが大きく影響しているが、これらの経営体が避難指示解除後速やかに帰還して営農を再開することは期待しにくいので、一時的な特殊要因とは言えない。

避難指示区域では、営農再開以前に住民の帰還が大きな問題だ。二〇一五年九月五日に全町避難が解除された楢葉町によると、一六年八月四日までに町へ戻った住民は八・七％に過ぎない。一六年には一四戸の農家が米を作付けたが、面積は約二〇haで、原発事故前（二〇年の農林業センサスで三八六ha）の五％に過ぎない。酪農・畜産も一部で再開されたが「飼養実証」という位置づけだ。

政府は帰還困難区域を除く居住制限区域・避難指示解除準備区域については二〇一七年三月末までに避難指示を解除する方針を掲げているが、生活環境の不備などから当該地域の住民からは反発も出ている。農業者も土壌や水の放射能汚染、風評被害などに大きな不安を抱いており、営農再開へのハードルは高い。

宮城県や岩手県でも復興の進み方は一様でない。元々の立地条件が不利だったため、離農者の急増をカバーすることが難しい地域もある。大規模な農業法人や集落営農組織が発足し、復興の先進事例として注目される地域も、コミュニティや「なりわい」の再生という観点からみれば課題を抱えている。

このような実情から見ても、被災地における普及指導員の役割は「平時」より格段に重要性を増している。

農業者の一定の減少が避けられないとすれば、集落営農や農業法人を含む新たな担い手の育成を図らなければいけない。地域との調和を図りつつ、外部からの新規就農や企業参入も促していく必要があろう。

その条件づくりのため、圃場の大区画化や水利施設の高度化といった農業基盤整備事業が各地で推進されている。従来、基盤整備後の農地の所有権や利用権を巡る調整は土地改良区、自治体、農業委員会が担ってきたが、被災地では普及や農協もかかわるケースが多い。これは被災地以外でもお手本になる。

半面、地域社会の再生を考えれば、従来は政策的支援の対象になりづらかった自給的農業（生きがい農業）も支えていく必要がある。

二〇一七年春に帰還困難区域を除く全村の避難指示が解除される予定の福島県飯舘村では、村の調査に営農再開の意向が「ある」と答えた農業者は六三二人中一八二人（二九％）だったが、その半数を超える九八人が「生きがいとして農業を営みたい」と回答した。

高齢者が生きがいとして営む自給的農業も、地域社会を維持し次世代に「つなぐ」役割は小さくない。自家で食べきれない作物を直売所などで販売すれば、地域内の経済循環にも貢献できる。農の営みがあればこそ、除草や水管理、鳥獣害対策などの共同作業を通じて集落のきずなが維持される。それらが若者の農村回帰や「孫ターン」（祖父母の住む地域への移住）の受け皿になることも期待できる。

もちろん、被災地においても可能な限り「稼げる」農業モデルを作っていくべきだろう。ただし、それは単なる規模拡大や技術向上によるコスト削減だけでは達成できない。

例えば、仙台平野の沿岸部では震災後、一〇〇haを超える大規模な営農組織が相次いで発足したが、大半は米などの土地利用型農業だけでなく、施設園芸を導入している。米の作付面積が大きくなるほど米価下落や凶作のリスクが大きくなり、農業機械や労働力の効率的な利用も難しくなるからだ。そのため、収益性の高い作物や新たな栽培手法を導入した複合経営が必要になる。

また、福島県では風評被害に強いトルコギキョウなどの花き、ナタネやエゴマといった油糧種子、ソルガムやデントコーン等の飼料作物の栽培に取り組む農業者が増えている。農業者と企業、大学が提携し、耕畜連携によるバイオマスエネルギー（家畜の排せつ物を利用したメタンガス生産など）の開発に取り組む計画もある。

飯舘村のある地区では、米の作付けが大幅に減ることを見越し、水田放牧を計画している和牛繁殖農家もいる。放牧によって農地の荒廃や鳥獣害を防ぎつつ、将来の稲作再開につなげる考えだ。放牧した子牛は村外で肥育し、風評被害を回避する狙いもある。

地域のかけがえのない存在として

このように、被災地の農業は大きく変わろうとしている。震災や原発事故の影響だけでなく、もともと進んでいた農業者の高齢化と減少、国内市場の縮小、消費者ニーズの変化、貿易自由化といった難問にも対応しなければいけない。「課題先進地」となった被災地の取組みは、日本農業全体の未来を占う試金石とも言えそうだ。

地域を維持し、将来に希望を持てる新たな農業の成功事例を作ること。それが後継者や新規就農者の確保につながり、地域農業の持続可能性を高める。農業振興に携わるすべての関係者と組織が連携し、総力戦を展開する必要があるが、その中で普及指導員の果たす役割は極めて大きい。

ただ、普及を取り巻く環境は厳しい。農林水産省によると、全国の普及指導員（農業担当）の数は二〇〇五年の八八八六人から東日本大震災が発生した一一年には七六四五人へと一四％も減少していた。一人当たりの毎月の活動時間は〇四年の一五一・一時間から〇八年の一五五・五時間に増え、個別指導した新規就農者の総数は同期間に年間一万三二八三人から一万四七二二人へ、農業法人は八七四三法人から一万一八五八法人へと急増している。

量質ともに普及指導員の負担は増し、業務内容も複雑化している。既存の農家と新規就農者に同じ対応はできないし、家族経営と法人経営も全く違うだろう。政策面では、補助金体系が数年ごとに大きく変わり「六次産業化」や「輸出」といった新たなテーマも浮上した。

そこへ大震災と原発事故からの復興という課題が加わった現場の重圧感は想像を絶する。今回の調査でも、多くの普及指導員が強いストレスを訴えた。問題の重大さや緊急性からくるプレッシャーだけでない。被災農家の悲しみや怒りと向き合う心理的負荷も大きい。人員の増強や普及指導員自身をサポートする態勢も今後、検討されるべきではないか。

半面、この難局に見舞われたことが普及の存在意義と、今後の進むべき方向を浮き彫りにした面もある。従来は「空気のような存在」だったかも知れないが、その「空気」のかけがえのなさが多くの人に理解されるきっかけになったようにも思われる。

「『何をしているかよく分からない組織』と言われ、先輩たちも悩んできた。だが、絶対になくしてはいけない組織だと再認識した」

福島県のある普及指導員はヒアリングの最後にこう語った。このような確信に満ちた言葉を聞くことができたことも、調査の大きな収穫だった。体験は語り継がれ、幅広く共有されることで未来へ向かう力となる。この調査結果を全国の普及指導員が生かし、自信と使命感を持って今後の業務に当たられることを願ってやまない。

農の持続性は誰のために、誰の努力で支えられるのか

山下祐介

都市からの視点、非農業からの視点

私の専門は地域社会学である。その立場から農家の話を聞くことはあるが、農業が専門ではない。まして私は農を営んだことがない。農に関してはズブの素人である。農業の向こう側で、都市に暮らす消費者としてでしか、この記録を読むことはできない。だがあえて都市からの視点、非農業からの視点で、この貴重な記録を深読みすることを試みてみたい。

都市に暮らす人間の視点からすれば、今回の東日本大震災をめぐる問題でやはり気になるのが放射能の問題である。津波の問題と原発事故の問題はやはり性質がちがう。この記録の

中でも、その違いは如実に表われているというべきだろう。放射能の問題に移ったとたんに温度が変わる。ここではとくに原発事故を中心に読み込んでみたい。

とはいえ、じつは津波災害からの農地復旧もまた、ある面ではもっと踏み込んで読み解く必要があるという点も付け加えてはおきたい。防潮堤など大規模土木工事と農地をめぐる問題があらぬ形に展開し、本来、復旧をめざして行なうはずの防災事業が全く別のものになっていることが往々にして見られるからだ。だがこうした話はこの記録でも取り上げられていない。ここでもとりあえず素通りしておく。[*]

＊——拙著『東北発の震災論』（ちくま新書）および『「復興」が奪う地域の未来——東日本大震災・原発事故の検証と提言』（岩波書店）を参照いただければ幸いである。

現場の努力が現時点での安全を確立した

原発事故による放射性物質の広範囲にわたる拡散の影響は、土地の上に展開する農業にとっては避けることができないものである。人間は避難できる。だが農地は避難できない。記録はまずは人間の避難を支えるところからはじまっているが、そのうえで農地に沈着した放射性物質をいかに扱い、除去していくのか、さらには除染してもなお残る微小な物質を、いかに検出して食卓にあがることを未然に防ぐのか、こうした過程がつぶさに描かれている点で興味深い。そしてある時期からは、出荷米の全袋検査という大変な作業を実現したうえで、安全を確かめられた農作物をいかにきちんと市場に流し、正当な評価を実現するのかに対応の重点が移行していったことを伝えている。

幸いなことに、今回の事故で受けた被曝はあくまで限定的であり、影響が全くないとは言い切れないが、かといってこれまでのデータからすれば、この程度の被曝で抑えられるなら、暮らしの中にある他のリスクに比べて極端に高いものではないということが分かってきている。私たちは、生産物についてきちんとモニタリングを続け、危険なものが万が一にも紛れ込まないよう目を凝らしていれば、今回の事故で放射性物質そのものによる大きな被害を受けるということはなさそうだ。だがそれは、普及指導員をはじめ、現場の努力がそれを実現したのだということに十分な注意が必要だろう。今回の原発事故について、やたらと「安全」が強調されるようになってきた。しかしそれはまずは多くの人の継続的な努力があったればこそだということに、都市の人間はもっと敬意を払うべきだろう。

だが、本来こうしたことをさせるために普及指導員を置いたのだろうか。こんなことをしなければならない事態を作り出した東京電力と経産省の罪は一体どのように償われるのか。

私などはそうした面に関心が行ってしまう。そうした責任追及的な視角はこの記録のうちには見られないから、やはり都市の人が読めば不満が残るかもしれない。だが農家とともにある普及指導員にとっては、原因が津波であれ、原発であれ、問題は農地をいかに回復させるのか、農業はいかに再開できるのか、そもそも農家がいかに経営を持続できるのかに関心があるということを記録は示しているのだろう。そういう意味では、都市の人間が感じているほどは、津波と原発事故の二つの災害の間に大きな差はないのかもしれない。当事者に寄り添う現場感が、ここではとくに強調されているということである。

これは風評被害なのか

だがここであえて、ここまでして作り上げてきた安全を切り崩すような話をしてみたい。今の状況を、現場に近い人々は「風評被害だ」という。たしかに無理とも言われた農作物の安全を確立するために、努力を積み上げてきた現場からすれば、農作物は現時点で安全が確認されているにもかかわらず、福島のもの、東北のものがいまだに消費者に敬遠されていることに、どうしても憤りを感じるのだろう。記録でもそうした表現が何度か現われる。

しかし、これははたして本当に風評被害なのだろうか。いや「風評被害」という言葉で、いったい人々は何を伝えようとしているのか、と問うほうが適切かもしれない。なぜこれほど頻繁に、この語が現場で使われるのだろうか。

前代未聞の原発事故が起き、放射性物質が大量に漏出し、それを少量であっても被った農地で生産された農作物を、できるだけ買わないようにするというのは、消費者としては当たり前の行動である。とくに、子どもが口にするものについては、できるだけ事故現場の近くで生産されたものを避けようというのは、子どもをもつ親として当然の反応だ。こうした「子どもだけは」という避難は、この記録でも普及指導員たち自身が家族や子どもにさせている。そして農家もまずは避難し、事故現場に近い場所で順に避難指示解除が進んでも、いまも人々がなかなか帰れないのは、まだ本当の意味でこの事故の現在が安全だとは思われていないからだ。避難の程度はどうあれ、リスクをできるだけ避けたいというのは普通のことであり、これは決して非難されるべきことではない。

そしてこのことは当事者たちにもよく分かっていることなのだ。では、「風評被害だ」という声は一体何を意味しているのだろうか。これはむろん、消費者に対する非難などではない。現場もこれを本当は「実害だ」と叫びたいのである。だが実害だとなったとたんに、この農地はもう駄目だになってしまう。事実、被害が深刻だということになれば、「ならば、もう農業はやめたらいいのでは」「もうその地域に住むのはあきらめたら」と、都市の側からいわれかねない状況があった。しかし農地は長期的には十分回復可能である。少なくとも廃炉がしっかり安全に行なわれるなら。だから現場は「実害だ」とも叫ぶことはできず、風評被害という語で何かを訴えようとしているのだと解釈できる。逆に言えば、そうした人々の声が出せない状況をうまく利用して、今の原発事故対策はできあがっているともいえる。

ではこれは何を伝えようとしているものなのか。この記録は、現場の人々の声に寄り添ったところでできている。私たちは、現場からあがる人々の声を、もっとその襞に分け入ってしっかりと解釈し、受け止めねばならない。私の解釈はこうだ。

人々は、農家は、どんなに被害が深刻であったとしても、その場に戻り、父や母が、あるいは先祖の人々が耕し培った土地をなんとか取り戻し、そこで暮らしたいと願っている。この記録でも垣間見えるように、風評被害対策として、人々が死にものぐるいで続けてきたのはおそらく、単純に「前のように売れるようにする」ことではない。それがそんなに簡単なものではないことは分かっている。これは実害である。だが実害であるかどうかを問うよりも、現場で人々がもっとも大事にしているものがある。それは、ここで農業が「続けられるようにする」ことなのだろう。

「風評被害だ」という声は、「今は積極的に買ってくれる人の手助けが必要だ」という訴えなのである。またそれは「ここに生き続ける」ことを追い求める声でもある。ここに記録されている普及指導員の仕事もそこに向けられている。そして、そうした声に呼応するように、福島の生産物、東北の生産物を買うことで被災地を応援しようという都市側の運動もさまざまなかたちで展開しえた。だがそれもこれも、現場の安全を徹底的に確認し、何かがあればその原因を明確にして、消費者に向け、すべてを開示してともに歩んでもらおうという、現場の真摯な姿勢に裏打ちされて実現されているのである。

現場の意志、その主体性を尊重しつつ、そこから人々が求めているものの本質を見きわめ実現していくこと。そこに、企業の経営コンサルなどとは違う普及指導員の仕事の本領がある。それがこの記録の中から見える一番大事なことだ。さらにいえば、ここにこそ普及指導員というものを超えて、そもそも本来の行政の役割、地方自治体の存在意義があるのだと考えたい。

農業の持続可能性

ところで、農業の持続性を維持することは、誰のために必要なのか。このことがしばしば忘れられるようになってきている。今度は都市の人々にむけて、農家や普及指導員の立場からその説明を試みたい。なぜならこの記録は、ある角度から読めばこういう風にも評されうるからだ。「なぜこんなにお金をかけるんだ。もはや放射性物質でたっぷり汚されて、再生可能とはいえないような農業に」。

津波被災地を含め、今回被害を受けた農地の多くが人口減少地帯で、場所によっては後継者もいない場所だった。そんなところに大金をかけるくらいなら、むしろ撤退をうながして縮小してしまったほうが経済効率性は高いのではないか。

だがこうした偏った意見に対して、私たちはこう答えねばならない。

被災地の農地を復旧させるのは、たしかにまずはその農家のためである。だが、それは農家のためだけではない。復旧にあたって、普及指導員は農家に気持ちを「聞く」ところからはじめている。しかしそれは、その農家が今後も農業を続けるのか続けないのかはっきりさせるためではない。農家の「やる気を引き出す」ためであり、そこにはやはり「続けて欲しい」という願いがあるからだ。ではその願いは誰の願いなのだろうか。

それは当然、普及指導員一人一人の願いではなく、被災県として、オオヤケ（公）として、そのように導くことが必要だからである。それは県民のため、国民のためである。都市の人々が、どれぐらい視野狭窄になって、経済の数勘定や一時の損得でしかものを考えられなくなっていたとしても、より高い視点から、長期的展望に立って、農業の必要性を確信し、これを持続させること。再生をうながすことが大切であり、必要だと確信しているから、そうしているのである。

逆に言えばこの確信を現場が失ったら、日本の農業は終わりだということでもあり、この記録を見て私がホッとしたのは、現場には当たり前のように、農を持続させていく人々の意志、社会の意志が見えたことだ。

県の役割を再考する

この記録を見ていると、普及指導員の人々が、本来の行政の立場を貫いていて、安心する。安心する、というのは、逆に言えば、メディアに出てきた情報でとらえる限り、今回、被災した県はいずれも国の意向をうかがうばかりで、本来あるべき県民の側からの対応ができていないように感じていたからでもある。

とはいえ、被災県にはそうせざるをえない事情もあった。巨大津波と原発事故は、これだけの被害をもたらしながら——とくに原発事故においては国は加害者であるにもかかわらず——国の立場を損なうどころかかえって国の権限を大幅に強化したからだ。とくに復興集中期間の最終年度である五年目に入ってからは、強腰の国に対する各被災県の反応は、県民を見ているのか、政府を見ているのか、疑わしくなることが多かった。場合によっては、「こんな県なんかいらない」「かえって政府のほうが頼りになる」などと主張してはばからない市町村の人々さえ、私は実際に多数見たのである。

だが、こうして普及指導員の対応をこまかに確かめてみると、各県職員たち自身の本来の心性も確認できて、ホッとした。みな県民側から考えるとともに、県という公としてのあるべき姿もわきまえて、やるべきことをやっている。普及指導員という特殊な役割だからこそ、本来の公務員の立場を貫けたということかもしれない。だがおそらく他の職員たちもみな、立場が立場だからそうなっているだけで、心底ではやはりこのように県民に向き合ってきたはずだとも感じたのである。

自発的な人々の生きる力を引き出すこと。ここで試されているのはまずはこの点にある。とともに、いま私たちの暮らしはあまりにも高度になりすぎており、ハイパフォーマンスを求められるので、農家が個々にもっている技術では追いつけなくなっている。高度な技術と着実な投資を適切につなぎながら、しかも個々の農家の持続可能性をも追求しなくてはならない。この国の農業を持続していくためには、個人の力と国の力を農家という現場で着実に結んでいくことが不可欠だ。そこに普及指導員という専門家の役割がある。私はここに、例えば高度医療社会に入って、医師や看護師、介護の職員たちが直面している問題の先駆形を見る。一見地味に見えながら、農はきわめて現代的な最先端の現場なのである。

だがなぜここまでして、農家の力を引き出さねばならないのだろうか。

一見、都市の人間からすれば、こんなに補助金を使って、技術を使って、この程度の経済価値のものしか生み出さないのか、ということになるのかもしれない。経済価値だけで見ればそうなるのだろう。だが農にはやはり別の価値があるのだ。

津波災害だけでは、このことはおそらく見えてはこなかった。食べ物と放射能という、この相容れないものが正面からぶつかったところに、原発事故のもたらしたことの罪深さとその教訓がある。農はこの被害によって、さらなる技術と、投資の助けを借りなくてはならなくなった。だがこうしてこの原発事故が起きてみれば、農業に向き合って公がなすべきこととは何か、その本質に気付く。

本来、農業が目指すべきことは、経済効率性の追究や付加価値を作ることではなく、安心して農家が生産し、消費者のもとに安全で適切な値段の農作物が届く、そういう安定的なシステムの形成・維持なのである。そして農は毎年のサイクルを守って普段は安定的だが、環境要因によってそのサイクルはしばしば攪乱される。とくにこの半世紀はグローバル化の中で常に不安定な条件にさらされつづけてきた。だが農の安定がない限り、地域の安定はなく、国家の安定もない。都市の人々は次第にこのことに気付かなくなっているが、原発事故は、少なくとも現場においては、このことをしっかりと再認識するきっかけになったのだと思う。

原発事故により、農家は深刻な被害に直面した。だがそれを乗り越えていこうと、すぐにその努力が始まっている。そして、もしこの先も農家が安心して自信をもって作物をつくりつづけることができるなら、それは間違いなく以前よりもずっと安全でおいしいものになろう。この災害はそうしたことが実現できるかの実験場なのである。そしてそれは、この国の人々全体の安心・安全を追求することなのでもある。このつながりへの確信が、普及指導員の人々のこの五年以上の現場の奮闘につながっているのであろう。そして繰り返して言おう。この努力は決して個々の農家のためではない。都市の人々の暮らしを支えるためなのである。

もしこの災害で、農家がすぐに農をあきらめ、生産を放棄していたらどうなっただろうか。それどころか、被災者や避難者のあの二〇一一年三月の急な食糧危機を救ったのは、まずは周りの農山村の蓄えだったのである。都市を守っているのもやはり、農村である。この当たり前のことに気付くためにも、この記録は幅広い層に手にとってもらわなくてはならない。

被害者を卑屈に追い込む原発という技術

原子力発電は、もともとはこの国を守り、国民に安心をもたらすために導入したものであったはずだ。しかしこうして事故を起こしてしまえば、そこで生じた不安を取り除くのは並大抵のことではない。このエネルギー源にはどうも、構造的に人間を不安に追い込む何かが備わっているようだ。「風評被害」という。いやいやこれは実害なのである。だが、そういわざるをえない立場へと、生産者を追い込む構造が原発にはある。被害を主張し、追求すれば、もはやこの地で農の営みはできないと認めることになるからだ。幸い、一部を除いて本当の意味で深刻な被害は受けていない。だがだからといって被害者がなぜこんなに卑屈にならなければならないのだろう。なぜ加害者が大きな顔をして、被害の算定までしているのだろう。

「卑屈」というのは、例えばこういうことにもあらわれている。被災地では、避難指示解除が進んでいく中で、現地を見せる「被災地ツアー」がさまざまなかたちで開催されている。被災地ツアーは一見、「被災地は安全ですから見て下さい」と、ことさら安全を主張するものに見える。だが、事故現場の核心地域に近づくにつれ、その意味は「福島第一原発の事故は終わっていない。事故の現実を見て下さい」に切り替わっていく。みな分かっているのだ。事故は終わってはいない。それは廃炉が完了するまでつづく。しかもその完了がまだまだ見通しの立っているものではないのである。実害はもっともっと先までつづく。

東電と国は、廃炉が無事完了し、この地から原子力の痕跡が払拭されるまで、責任を持たなくてはならない。農家の戦いは実際、そこまでの長い旅になる。この長い戦いを支える仕事の、その始まりが、ここで記録されている一連の事実なのだ。

原発事故は、言葉の非常に正しい意味で「公害」である。公（オオヤケ）による実害だ。あるべきではないオオヤケの失敗がここにはある。それゆえオオヤケとワタクシの関係をより対等に適切なものにすること、もっと個々のワタクシの思いや願いをオオヤケのふるまいにつなげるような、そんな復興のあり方が求められねばならない。その最前線に普及指導員と農家の関係はある。そしてこのことは、普及指導員のみならず、県職員の役割、市町村職員の役割すべてに広げて考えるべきことなのだろう。いや国の職員を含めて公僕とは本来こうあるべきものだと思う。東京都に奉職する私も含めて。

ここで示された現場は一見特殊にみえる。普及指導員だから、というふうにとらえられがちだ。だが、むしろ普及指導員だからこそ、本来の公（オオヤケ）のあるべき姿を示しているのだろう。私には、今の政府の立ち居振る舞いのほうが異様に思えてならない。むろん、またそこにはそれなりの理由があるのだろうが。

現地の早い復旧を――ただし単純に早さを求めるのではなく、着実で安全で、被災したみなが本当の意味で暮らしの安全を取り戻せるような、そういう復旧を――願ってやまない。

内からのまなざしの大切さ

普及指導員の独自の世界が示された

宇根 豊

この聞き書きは、二〇一三年に「日本農業普及学会・震災アーカイブ特別委員会」が実施した被災地の普及指導員への「アンケート調査」のなかにあった、「できれば直接、聞き取りに来てほしかった」という回答に、粕谷和夫さん（委員長）が真摯に対応したから、できたものでしょう。なぜ彼はこれほどまでに熱心に、普及指導員の気持ちと行動を記録しておこうとするのでしょうか。

こういう仕事は決して愉快な仕事ではありません。私のように、まとめられた記録を、ただ読むだけのことしかしない人間でも、読みながら途中でやめて、涙を拭ったり、深いため息をつくことがしばしばでした。それでも、最後まで読まずにはいられないものが、たしかにここにはあります。それは、百姓が語るものとはかなり違うものです、だからこそ、残さねばならないと、粕谷さんは思ったにちがいありません。

先年の「アンケート調査」も踏まえて、少しばかり私の感想を述べさせてください。

失ってわかる、ありふれたもの

人生にとって一番大切なものは、ありふれたもので、そこにいつもあたりまえにあるものです。したがって、普段はたいして意識しないのに、失った時に、大きな喪失感にさいなまれます。大切なものとは、たぶん家族と、田畑と、在所ではないでしょうか。この三つを一度に失うことは、異常なことです。

こういうときに、百姓の身近にいる農業の専門家である普及指導員はどう振る舞ったらいいのでしょうか。誰も経験したことのない事態に、懸命に立ち向かった人間の姿は、参考になるという次元を超えて、心をうちます。

しかし、冷静に発言を（アンケートなら記述を）分析していくと、二つの層が混在していることに気づきます。自身の悩みや反省、そして覚悟を語っているときは、自分の言葉で、生々しいのですが、事情や成果を語っているときは、一般的な言葉で客観的になっています。

前者は自分と向き合っていますが、後者はすでに外に向かって開かれています。したがって、前者は語りにくく、後者は定式化されていきます。私の言葉で言うなら、前者は〈内からのまなざし〉、後者は〈外からのまなざし〉です。

通常の普及活動なら、大方〈外からのまなざし〉で済ませることができますが、今回の事態ではいつも〈内からのまなざし〉がつきまとうのです。「復興」がまだまだ続くからです。じつは、通常での活動でも〈内からのまなざし〉を抱え込まざるをえないのが普及指導員の仕事なのです。しかし、それがなかなか外には出てこないのです。〈外からのまなざし〉の世界のほうが圧倒的に表現することが求められるからです。

この両方がぶつかっているのがこの聞き書き（とアンケートも）なのです。だからこそ、震災を経験していない全国の農業関係者にも読んでほしいと思います。単に震災から学ぶという次元を超えて、普及指導員という、百姓の身近にあえて配置された専門家の性格と価値がよく見えてくるからです。私は、この〈内からのまなざし〉があるからこそ、普及指導組織は現場で機能するものだということがよく証明されていると感じました。

だからこそ、しっかり読んで、自分なりにもう一度〈内からのまなざし〉を抱きしめることが大切ではないでしょうか。こうした異常事態に直面して、あらためてわかったのは、専門家にとっては普段であれば意識されることのない〈内からのまなざし〉の大きさだったような気がします。

引き受けるという精神は、前向きなものだ

「もう元に戻らないのではないか」、「普及の役割も終わりではないか」という絶望感と無力感を、震災直後に多くの普及指導員が感じていました。これこそ〈内からのまなざし〉の世界です。

越後の僧良寛は三条大地震（一八二八年）のとき、こう言いました。「災害にあう時節には、災害にあうがよく候、死ぬ時節には、死ぬがよろしく候、是災難をのがるる妙法にて候」。引き受けるというのはつらいことですが、ただひとつの妙法でもあるのです。地震や津波に腹を立てる人はいません。だからあきらめ、引き受けるのです。

「産業」でなく「生業」面ではなおさらのこと、在所で生きていくために、逃げ出すわけにはいかないでしょう。私も二〇一四年に相馬市で行なわれた日本農業普及学会のEXセミナーで、被災した百姓の話を直接聞きました。土砂に埋まった田んぼを見て、「開墾した先祖の労苦に比べれば、たいしたことはない」と発言できる百姓は立派に引き受けているのです。この田畑や在所への情愛の源を、ひょっとすると若い普及指導員は生まれて初めて自覚

する機会となったのかもしれません。

だからこそ「とにかくもう一度、元の田んぼに戻してから考える」という気持ちは、百姓の情愛の源そのものでしょう。こういう場では「この際、埋め立てて、宅地にしたら」という発言は醜悪です。

ところが一方で、堤防や原発には責任を追及したくなるのは、引き受けることができないからです。引き受けると、先に進めますが、そうでないと引きずって生きていくことになります。原発事故の場合が、引き受けられないものの典型です。

ここで対応が大きく二つに分かれるのです。それは「除塩」と「除染」の違いに現われています。「除塩」の場合は、普及活動は再開できますが、「除染」は前例がないというだけでなく、深いところで引き受けることができないので、心が重くなるのです。放射能の測定が一般業務になってしまった普及センターに深く同情します。

話を聞くだけ

この聞き書きでも、先年のアンケートでも、普及指導員が最も口にしたことは、「被災者の話しを聞くことしかできなかった」という発言です。被災した百姓の話し相手になることのつらさを引き受け、どのように向き合い、どのように話を受けとめ、どのように相づちを打ち、どのように言葉を選んで反応し、どのように別れてきたのか、その細部と深部はなかなか話したり、記録できたりするものではありません。これこそが〈内からのまなざし〉の核心です。

この普及指導員の「話を聞く」という行為の重要性は、案外評価されていないものです。普及指導員当人も「話を聞くしかなかった」と言うしかなかった事情と状況に、胸が痛くなります。

そこにいつもあたりまえにいた家族や友人を失い、田畑を失い傷つけられた百姓たちへ、多くの普及指導員は「同情」ではなく、たぶん「共苦」の感覚を抱いたのだろうと思います。それがないと、被災者に寄り添い「話を聞く」ことは、できないでしょう。たぶん「共感」と「共苦」は同じふるさとから生まれてくるものです。それは何だろうか、と考えてみました。

私は四十九歳で県庁を辞めて、肩の荷が下りた感じがしましたが、その正体を突き止めるのに、二年ほどかかりました。天候不順でも、自分の田畑がまずまずであれば、胸を撫で下ろすようになって、ハッと気づいたのです。かつては、むしろ自分の田畑よりも、担当していた地域の田畑が気になっていました。それは県庁時代よりも、農業大学校時代よりも、普及員時代のほうがはるかに強かったのです。この「情愛」こそが、普及員という自分の仕事を支えていた核だったのだと、思い当たったのでした。

被災者に寄り添うときに、普及指導員の情愛は、まるで百姓が自分の田畑に注ぐように、狭く深くなるものです。まずは、話し相手になるだけでよかった、と多くの普及指導員が言っています。それは、百姓と信頼関係のある人間でないとできないでしょう。県庁の職員、農水省の職員とでは、決定的に異なるのは当然のことです。カウンセラーに話す場合とも違います。遠く離れていて、こうして報告しか読んでいない私にも、それはよくわかるような気がしました。

ただここでも原発事故だけは異質でした。「農家の怒りを受け止めるのはつらかった」。「聞かれて答えられないことも多かった」。「一番大きなストレスを感じているのは農家。だから自分も耐えた」。前代未聞の事態に、普及指導員はしっかり向き合ったのでした。「話し相手になるしかできなかった」のではありません。普及指導員だからこそ「話をしてくれた」のです。そして百姓は「聞いてもらいたい」のだと感じることができたのです。それができるだけでも、普及指導員は存在価値があったのです。そして「聞いてよかった」という述懐こそが、普及指導員が百姓から育てられていく原理なのです。だからこそ、普及活動が他の公務労働と本質的に異なってしまう理由は、法律や条令や規則ではなく、現場での百姓との関係に根ざしていることを、読み取るべきです。

専門家の情愛のふるさと

多くの発言には、農家の心情を気遣う「優しさ」があふれています。しかし、この「優しさ」はどこからもたらされたのでしょうか。その答えは全編にちりばめられています。一つだけとりあげるなら、百姓の悩みを「農業の相談というより人生相談になることも多かった」というように、親身になって聞く優しさは、百姓から親身になって聞いてもらった経験が生きているのかもしれません。百姓との「信頼関係」という言葉が頻出しますが、この「信頼関係」という言葉の奥行きの深さと広がりは、当人しかわからない世界でしょう。言うまでもなく、信頼関係とは、双方向のものです。言葉を換えれば、情愛の通いあいがあるのです。

こういう非常事態に、あらためて信頼関係を感じ直す機会が生じたことは、とても大切です。百姓も普及指導員も、ここから再出発したことが読み取れます。

それでも、当人の精神的な負担は大きかったのでしょう。しかし、ここでも地震津波被害と放射能汚染とでは、負担の実質がまったく異なっています。後者は、あまりにも異様でした。それでも、百姓の立ち直りによって、普及指導員も励まされ安堵していく様がよくわかります。つくづく百姓との信頼関係はタカラモノだと感じました。

しかし、だからこそ〈外からのまなざし〉からの要請にも、批判精神を忘れてはならないでしょう。「いざという時にも判断力が発揮でき、上からの命令を待つのではなく、自主的に動ける組織」、「普及のような柔軟な組織だから対抗できた」という自負は平時にも言えることではないでしょうか。事業先行型の復興に対して、地元の百姓や普及指導員の声をよく聞くべきだという指摘はそのことを暗示しています。

普及指導員という専門家の存在

そういう意味で、この聞き書きは、全く違う二つの世界を見事に開示しています。ひとつは〈内からのまなざし〉の世界、とにかく「話を聞く」「相談相手になる」という相手との閉じられた世界のことです。もうひとつは〈外からのまなざし〉の世界、除塩や除染、さらに営農の再開や復興のための、開かれた活動のことです。

私はどちらも普及活動の重要な世界だと思います。農水省や県庁なら、後者だけでいいでしょう。しかし、普及活動は〈内からのまなざし〉を土台にして成り立っている仕事です。

日頃つきあったことのない百姓とは、こういうときは話をしにくいでしょう。しかし、こういうときこそ話を聞かないといけない事態に追い込まれたのです。こういう未曽有の時に、一から信頼関係を創り上げることは、とてつもない負担です。「農家に怒られながら」「何を言っても信じてもらえなかった」（アンケートでの発言）状況でも、普及活動を再開していくことの、しんどさとすごさをみなさんから感じました。

〈外からのまなざし〉の世界は未体験の世界であっても、これまでの普及活動の経験で展開できます。状況をつかみ、百姓とともに対策をしっかり考えていく過程は、じつに生き生きと自信にあふれています。（放射能汚染は異質ですので、項をあらためます。）

一方の〈内からのまなざし〉は、個人差も大きく、個別的で、しかもつらい表現が過半を占めています。しかし、ここにあふれている生の消沈と再起は、とても重要でそれなりに魅力的なものです。

情報の共有化

この聞き書きで（アンケートでも）もっともよく出てくる言葉は「情報の共有化」です。もちろん、①所内で、②関係機関との間で、③百姓との、「共有化」なのですが、いずれも箇単ではなかったことがよくわかります。

①所内ですら「共有化」できなかった時期もあったようですし、平時だってうまくいっているとは限りません。でもこういう非常時だからこそ、「所員で悩みを話し合った」ことがどれほど、一人一人を力づけたことか、想像できます。それはとくに〈内からのまなざし〉の世界でこそ、重要ではなかったでしょうか。それがうまくいかなかったとすれば、普及活動の土台が揺らいでいることにもなりかねません。

②関係機関とは、ずいぶん苦労されたようです。とくに放射能汚染対策では「サンプルの提供拒否」（アンケートでの発言）という事態もあったようですが、それを乗り越えていったのは、日頃の信頼関係だというのは、当然のようでいて、これも案外〈内からのまなざし〉の世界の共有化ができていたかどうかにかかわっているのかも知れません。

③農家との「共有化」はもっとも困難だったと思われます。何よりも上の①と②は手段であって、③こそが目的だったのですから。それなのに放射能汚染については「農家に内緒で調査せざるをえないこともあった」というアンケートでの指摘は、普及活動とはたしかに違うものです。ここには「共苦」が行政組織の論理で踏みにじられています。

「話を聞く技術は、技術指導よりも重要だ」という実感は、③を〈内からのまなざし〉によって達成するために不可欠だったからです。

たしかに、放射能汚染では、①、②、③のすべてが簡単ではなかったことが痛切に伝わってきます。「正しい知識」や「正しい情報」が簡単には手に入らなかったからだけでなく、行政組織の縦割りの欠陥もまた露呈されたからです。

さらに、その「情報」とやらが、地元や経験からもたらされるのではなく、遠くから別の専門家によって「提供」されてくるのですから、地震災害や津波災害とは異質で、異常です。それは農業とも、決して相容れない異質さです。

しかし、これを原子力分野の特殊事情だと位置づけるだけでは、大切な教訓を見逃してしまうかもしれません。この異質さは、すべての科学技術に多かれ少なかれ含まれているものではないでしょうか。放射能汚染への対応では、村への外来の科学技術を、どうにかして百姓の経験の土俵の上で使いこなせるように悪戦苦闘してきた普及活動の歴史が、正しく活かされているとは思えませんでした。それほど、異質で異常であったということでしょうか。

「普及活動」と「公務労働」は重ならない

震災直後は普及活動どころではなかった、という意見も少なくありません。また、普及指導員としてよりも、県職員として活動せざるを得なかった、という実態もあったでしょう。

救援活動は何にも増して重要だったということです。しかし、なぜか普及指導員はこのこと自体にも悩んだのです。

アンケート調査の回答で、ある人は「人命救護や遺体発見、被災者救護が最優先であったために、普及活動をすることが憚られたが、今考えるとやるべきだった」と吐露しています。またある人は、被災地に「救援に行かないのか」と言われて、他の公務員とは違うと思っていた普及指導員の「大事なもの」が壊れた、と述懐しています。これには胸が熱くなりました。一般の県職員なら、悩まなくていいのに、なぜ悩むのでしょうか。

それは次から次に指示される「調査」への不満にも現われています。普及活動とは異質な「調査」が、県から指示されてくることへの批判精神は、正当なものです。「公的」な存在としての普及指導員の「公的」という内実は、県職員一般とは重ならないことを、私たちは本気で明らかにしてきたでしょうか。

ヒントとなるのは、農業を「生業」とあらためて感じたという回答が、アンケートではいくつかあったことです。農の根拠は、産業ではなく、在所で生きていくための営みにあるという再認識、初めての気づきこそ、その答えを準備してくれます。これもある人の回答ですが、「農業生産活動が、毎年あたりまえのように繰り返されることの重要性」こそが、「公的」なものの本体です。それと対応しているのが、聞き書きにある「当たり前のものが当たり前に機能していることの大切さを感じました」という発言です。公的な価値であるナショナルな価値の土台・母体には、パトリの価値があり、これも「公的」です。普及組織は、じつはパトリオティズムを支えている組織でもあるのです。パトリオティズムがないところでは、ナショナリズムは不安定で、根無し草になることを「農政」は自覚すべきでしょう。

原発を超えていく価値

普及指導員が自分の頭で考えることが、いかに大事かということがよくわかるのが、放射能の風評被害です。「果樹の生産量は震災前と同レベルに戻りましたが、販売額は下がったままま」です。基準値は超えていないから「安全」だと言っても、「安心」と思えないのは、人間は科学的な数値だけで判断しているのではないからでしょう。ここにこそ、問題の核心はあります。

福島県で有機農業をやっている百姓が契約している消費者の半分が去っていたという話を聞きました。しかし、半分は残ってくれたというのは、どうしてでしょうか。決して科学的な安全基準を信用したからではないでしょう。農が「生業」であることに、共感したからでしょう。それが苦境に立たされている状況への「共苦」があったからでしょう。

この心情は、産業や科学と対極にあるものです。心情を「情愛」と言い換えると、より本質が見えてきます。

たしかに「原発事故による放射性物質の汚染」に対する正しい知識は必要です。なぜなら、原子力発電は科学によってもたらされ、科学によって制御するしかないからです。しかし、その科学的な知識による安全が崩壊したときに、原子力や放射能だけでなく、科学に対する見方もまた再検討をすべきではないでしょうか。

正しい科学的な知識の「正しい」とは、誰が判断するものなのでしょうか。科学が「真理」であるなら、科学が日々進歩し、古い説（知識）が次々に否定されていくのは、奇妙なことです。放射能ではなく、もっと事例が多い農薬を例にとってみましょうか。いくら安全だと言われても（証明されていても）、使用したくないという感覚は、はたして非科学的なものでしょうか。発がん性や自然の生きものへの新たな毒性が見つかって、使用が自粛（禁止）されていった農薬を、私はいっぱい見てきました。旧来の科学は、新しい科学で否定され続けていくのです。現在の科学が、否定されない保証はありません。

風評被害は科学的な知識だけでは、解消できないのではないかと言いたいのです。科学的な知見よりももっと大切なものを、日本人の多くが見失っています。それを再発見することは、これから私たちみんなの仕事でもあります。

「放射能にかかわる規制や指導を一方的に行なわなくてはならず、農業者側に立った行政機関である普及が、末端に指導を徹底するための行政機関に変貌せざるを得ず、農業者との距離が遠くなったように感じた」というアンケートでの指摘は、深刻です。原子力利用という科学技術が人間を疎外してしまう性格を持っていることが明らかになったのです。行政組織は見て見ぬふりができても、普及指導員はできないということです。

ここから行政組織の在り方や科学技術、科学思想を問い直す重要な視点が提起できるのです。単に放射能汚染の深刻さ、などという言説で思考停止になってはいけません。

同じくアンケートで報告されていた「個人即売所では客が離れず、客から励まされた」事例の離れなかった消費者の情愛をのぞき込むことが、「新しい顧客」の発掘になるでしょう。これは、農水省などにはとうていできない相談です。それをこれから普及活動はやるべきなのです。

「普及学」の可能性

ありふれていて、いつもそこにある（常住している）もので、大切なものだけれども普段は気づかないものが、失われるような異常事態になると、見えてきている様子がよくわかります。しかし、たぶんそれ＝〈内からのまなざし〉の世界は、こういう記録がなければ、その人の心と体の中に抱きしめられたまま、表現されることもなく、静かに思い出すことになり、やがてその人とともに亡くなるでしょう。

普及指導員の活動が、「学」になりにくい最大の理由は、この〈内からのまなざし〉の存在です。しかし、一般的に、「学」とは〈外からのまなざし〉の世界のことを扱うものだと思われてきました。近年のこの日本農業普及学会での提案のなかで、私が最も注目すべきだと考えているものは、渡部和彦さん（千葉県）の「若い普及指導員に最も欠けているのは『農家力』だ」というものです。そこで「農家力」を解明し、豊かに表現する学（理論・思想）が求められているのです。

「農家力」とは、百姓の外側にいる専門家が、百姓（農家）の〈内からのまなざし〉も感得できる能力を指します。たとえば、田畑を耕している百姓を〈外からのまなざし〉で見ると、単純作業の連続になるでしょうが、百姓はどう感じ、何を見て、何を考えているかを想像しようとする姿勢は、〈内からのまなざし〉を持っていなければ不可能でしょう。

つまり、「農家力」とは、普及員指導員だけでなく、農林水産大臣も農学部の大学教授も具備しておかなければならないものなのです。

ところがこれが簡単ではありません。この聞き書きやアンケートから農業の専門家が身につけておかなければならない「農家力」を読み取るためには、〈内からのまなざし〉に着目することが不可欠ですが、それだけではまだ足りません。あえてもう一言指摘しておけば、一人一人の〈内からのまなざし〉の中にこそ、本質や原理や理論を探し出そうとする姿勢が必要です。普及学、いや農学のこれからの大きな課題だと言っていいでしょう。

おわりに

二〇一六年三月にとりまとめを行なった「東日本大震災の記録や教訓を保存し伝えていくための普及指導員調査報告書【被災地担当普及指導員の証言】」をもとに、本書の編集作業を行なう過程で、あらためて感じたことがあります。

それは、時間や財政的制約があったとは言え、膨大な被災地担当普及指導員たちの体験を十分に明らかにできなかったことです。また、最も苦労してきたのは農家であり、現場対応の最先端に立たされてきたのは農協の営農指導員や市町村職員であり、普及指導員の証言だけを一方的に集めて出版することには抵抗があるとの普及指導員からの意見もいただきました。

それでも、農業に接することとともに、いゆわる「現場」で仕事をする職業が少なくなっている現在、自らも被災しながらも「農業現場」にとどまり、「聞くこと」からはじめて「つないで」いった彼・彼女らの記録を広く伝えることに、意義はあると考えて出版までこぎ着けました。しかし、その意図に対する最終的な判断をしていただくのは、読者の皆さんです。

「はじめに」において、ご協力いただいた方々への謝辞は述べてあるので繰り返しません。ですが、あらためてアンケート調査および聞き取り調査に協力いただいた普及指導員の皆さんへは深謝いたします。

また、本書が出版にこぎ着けることができたのは、農文協プロダクションの鈴木敏夫代表および田口均氏のご助力のおかげです。特に、田口氏には編集作業に不慣れな私たちに替わって編著者とも言うべき仕事をしていただきました。心より御礼を申しあげます。

二〇一七年一月

日本農業普及学会　元震災アーカイブ特別委員会メンバー一同

編著者

日本農業普及学会

農業生産技術および経営技術にかかわる普及活動を実践面、理論面から支援することを目的として一九九四年に設立。農業分野の普及事業関係者、試験研究者、教育関係者、行政関係者、先進的な農業者などを会員とする日本学術会議の協力学術研究団体。研究大会やセミナーを通じての普及関係活動やその成果の発表、表彰事業や学会誌「農業普及研究」の発行などを行なっている。

著者

古川 勉◎ふるかわつとむ

一九五五年生まれ。一九七八年から岩手県職員。岩泉農業改良普及所、県農政関係課、久慈農業改良普及センター、県農業研究センター等を経て、二〇一一年四月から二〇一四年三月まで大船渡農業改良普及センター所長。二〇一六年三月岩手県職員を退職。著書に『3・11 私のアーカイブ——東日本大震災津波から一年の記録』（私家版）ほかがある。

行友 弥◎ゆきともわたる

一九六〇生まれ。農林中金総合研究所顧問、特任研究員。元毎日新聞社経済部編集委員。著書に『東日本大震災 農業復興はどこまで進んだか 被災地とＪＡが歩んだ5年間』(共著、家の光協会)がある。

山下祐介◎やましたゆうすけ

一九六九年生まれ。首都大学東京准教授。都市社会学・地域社会学。著書『「復興」が奪う地域の未来――東日本大震災・原発事故の検証と提言』(岩波書店)、『人間なき復興――原発避難と国民の「不理解」をめぐって』(共著、ちくま文庫)、『東北発の震災論――周辺から広域システムを考える』(ちくま新書)ほか多数。

宇根 豊◎うねゆたか

一九五〇年生まれ。農と自然の研究所代表。元福岡県農業改良普及員。日本農業普及学会常任理事。著書『愛国心と愛郷心――新しい農本主義の可能性』(農文協)、『農本主義のすすめ』(ちくま新書)、『人間が知らない田んぼの世界 生きもの語り』(家の光協会)ほか多数。

聞く力、つなぐ力

3・11東日本大震災
被災農家に寄り添いつづける普及指導員たち

二〇一七年三月一日　第一刷発行

編著者　日本農業普及学会

著　者　古川 勉、行友 弥、山下祐介、宇根 豊

発　行　株式会社 農文協プロダクション
〒一〇七-〇〇五二　東京都港区赤坂七-五-一七
電話　〇三-三五八四-〇四一六
ファックス　〇三-三五八四-〇四八五
http://www.nbkpro.jp/

発　売　一般社団法人 農山漁村文化協会
〒一〇七-八六六八　東京都港区赤坂七-六-一
電話〇三-三五八五-一一四一（営業）〇三-三五八五-一一四五（編集）
ファックス〇三-三五八五-三六六八
振替　〇〇一二〇-三-一四四四七八
http://www.ruralnet.or.jp/

印刷所　株式会社 杏花印刷

ISBN　978-4-540-16178-0〈検印廃止〉

ブックデザイン——堀渕伸治◎tee graphics